Bahaa Al-Sereah
Bassim Hissen Alassady

Investigação histopatológica de tumores malignos da tiroide e da suprarrenal

Bahaa Al-Sereah
Bassim Hissen Alassady

Investigação histopatológica de tumores malignos da tiroide e da suprarrenal

estudo dos tumores da tiroide e da suprarrenal em ratos idosos

ScienciaScripts

Imprint
Any brand names and product names mentioned in this book are subject to trademark, brand or patent protection and are trademarks or registered trademarks of their respective holders. The use of brand names, product names, common names, trade names, product descriptions etc. even without a particular marking in this work is in no way to be construed to mean that such names may be regarded as unrestricted in respect of trademark and brand protection legislation and could thus be used by anyone.

Cover image: www.ingimage.com

This book is a translation from the original published under ISBN 978-613-3-99972-5.

Publisher:
Sciencia Scripts
is a trademark of
Dodo Books Indian Ocean Ltd. and OmniScriptum S.R.L publishing group

120 High Road, East Finchley, London, N2 9ED, United Kingdom
Str. Armeneasca 28/1, office 1, Chisinau MD-2012, Republic of Moldova, Europe
Printed at: see last page
ISBN: 978-620-8-07998-7

Lista de conteúdos

Dedicação

Em nome de Deus, o Clemente, o Misericordioso

Que Alá envie a paz e as bênçãos sobre Maomé e a sua descendência

Gostaria de dedicar o presente trabalho de investigação à minha mulher e às minhas filhas (Fátima e Ruqia).

Gostaria de dedicar o presente estudo aos profissionais dos investigadores neste domínio.

Além disso, dedico este trabalho científico ao nosso povo que está a lutar pela proteção e segurança da nossa nação no Iraque.

Bahaa

Agradecimentos

Quero expressar a minha sincera gratidão a ALLAH, o criador da terra e dos céus.

Um agradecimento especial ao Editor de Aquisição, Andrei Gisca, à LAP LAMBERT Academic Publishing e a todos os membros do pessoal da LAMBERT pela sua grande assistência e aconselhamento.

RESUMO

O presente projeto de investigação concentra-se nos achados histopatológicos de tumores malignos da tiroide e da suprarrenal com o seu depósito metastático em locais remotos como o pulmão. Estes estudos fornecem dados de investigação muito importantes sobre os tumores da tiroide e da suprarrenal para benefício do ser humano. Além disso, estes tumores mostraram um aumento da incidência relacionado com a idade e também tiveram uma origem espontânea, o que pode constituir uma orientação muito importante para a incidência e o estudo destes tumores no ser humano. Especialmente no que diz respeito aos tumores da tiroide, que são tumores muito importantes na mulher em comparação com o homem. Finalmente, esses tumores começam quando os ratos têm mais de um ano de idade e continuam até ao fim da vida do animal, que é de cerca de dois anos.

Perfil do autor

O professor assistente Bahaa Abdulhussein Al-sereah licenciou-se na Faculdade de Medicina Veterinária/Universidade de Basrah/Iraque em 2004 (Bacharelato em Medicina Veterinária e Cirurgia). De 2005 a 2007, trabalhou como estudante de pós-graduação no Mestrado em Doenças das Aves de Capoeira na Faculdade de Medicina Veterinária/Universidade de Basrah/Iraque. Em 2008, trabalhava no domínio das doenças das aves de capoeira, em particular em Basrah/ Iraque. Em 2009, trabalhou como professor assistente em doenças das aves de capoeira na Faculdade de Medicina Veterinária da Universidade de Basrah/Iraque. Em 2012-2015, professor no Departamento de Patologia e Doenças das Aves de Capoeira na Faculdade de Medicina Veterinária da Universidade de Basrah/Iraque. Em 2015 até ao presente, professor assistente no Departamento de Patologia e Doenças das Aves na Faculdade de Medicina Veterinária da Universidade de Basrah/Iraque. 2015-2016 Trabalho como estudante de pós-graduação a fazer doutoramento em Nutrição Avícola na Faculdade de Agricultura/Universidade de Basrah/Iraque. Em 2009 até ao presente, publiquei muitos artigos e livros .

Correio eletrónico: bahaa bkf@yahoo .com

Tel: 009647700285271

Endereço: Departamento de Patologia e Doenças das Aves, Faculdade de Veterinária

Medicina, Universidade de Basrah, Iraque.

Prefácio

No presente estudo sobre a incidência de tumores da tiroide e da suprarrenal em ratos idosos, o estudo mostrou que esses tumores podem ser altamente malignos, com metástases para órgãos distantes, como os pulmões. Estes tumores podem ser muito importantes como dados de base para a incidência de tumores da tiroide e da suprarrenal no ser humano e a sua relação com a idade.

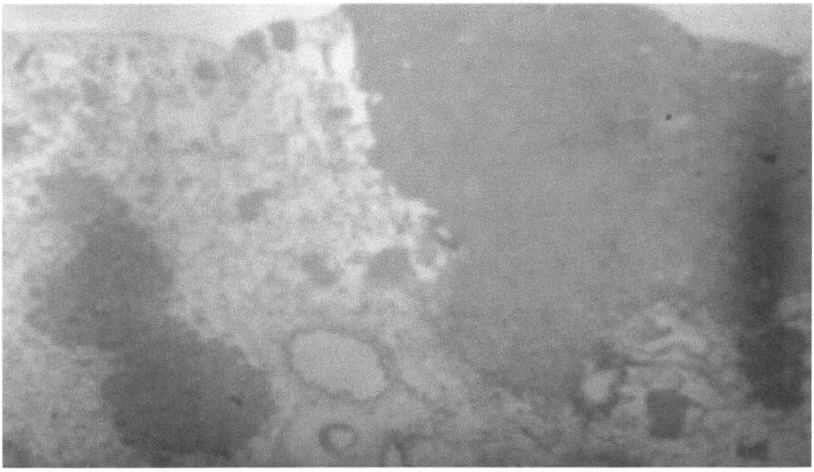

Figura 1: Tumor maligno da tiroide que substitui a estrutura normal da tiroide. (Coloração H&E. 4X)

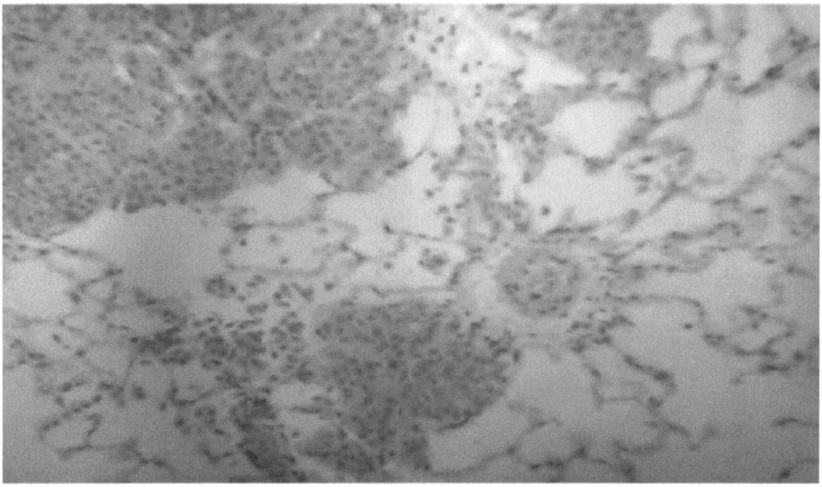

Figura 2: depósito de tumor maligno da tiroide no pulmão (coloração H&E. 10X)

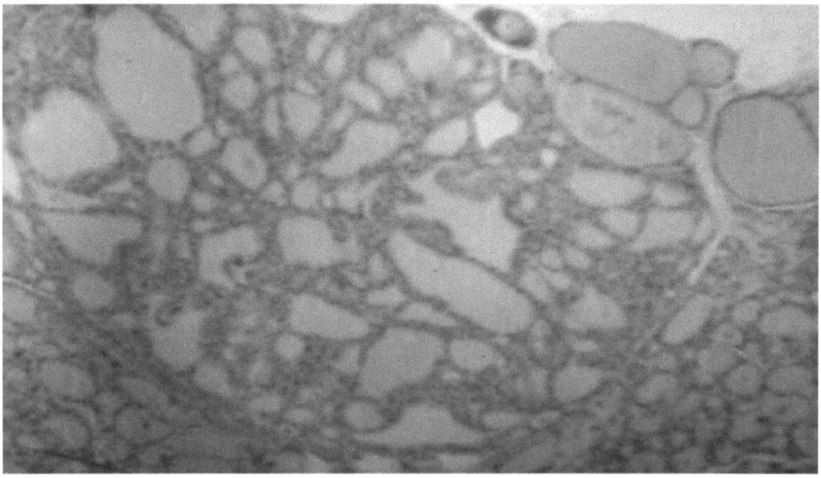

Figura 3: Carcinoma folicular da tiroide. (Coloração H&E. 40X)

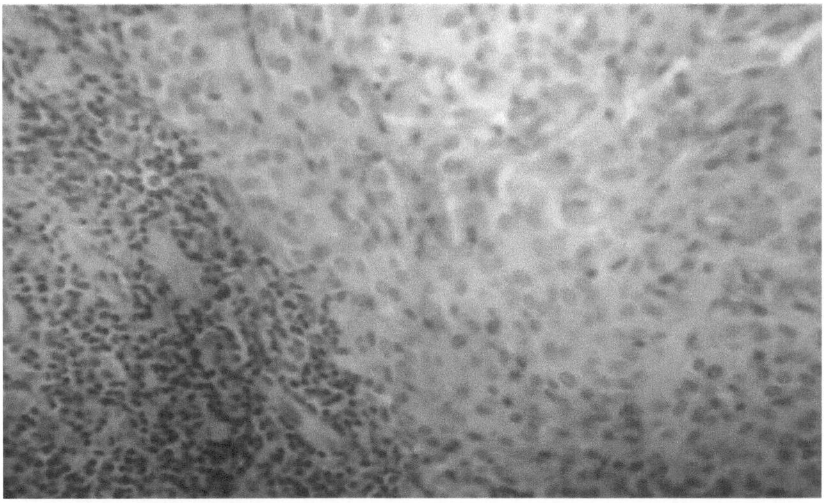

Figura 4: Tumor de células C da tiroide (calcitonina). (Coloração H&E. 40X)

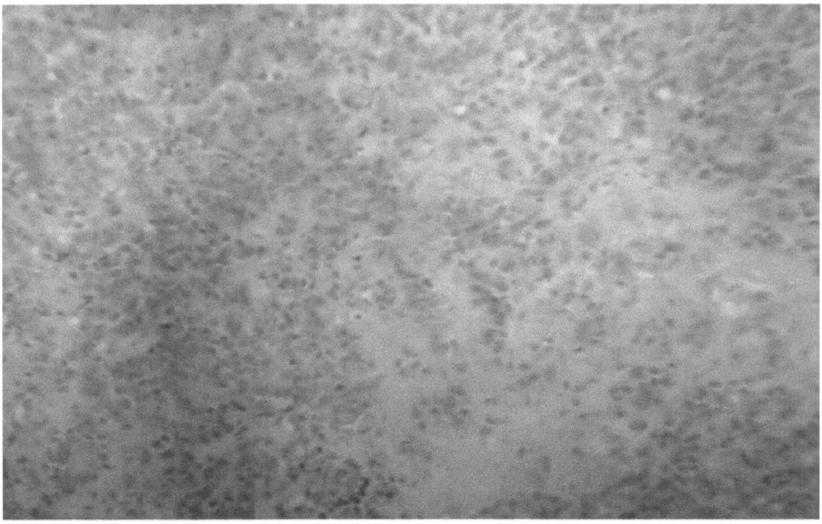

Figura 5: Carcinoma folicular da tiroide (10X)

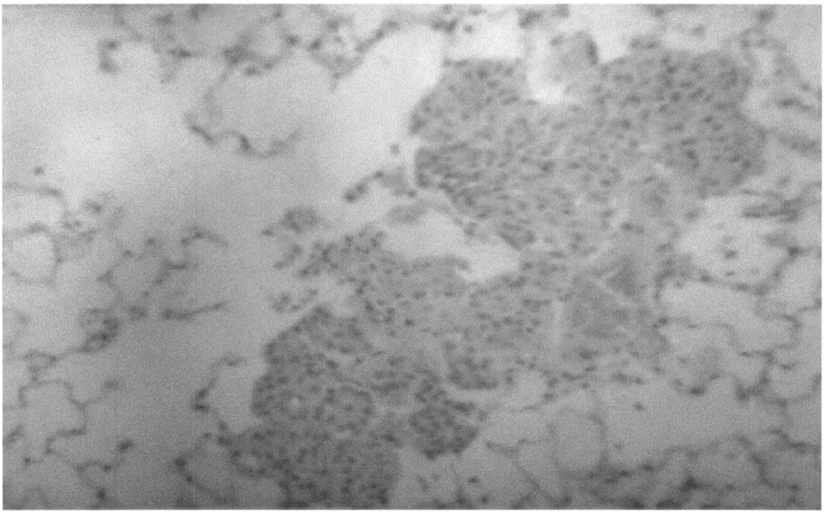

Figura 6: uma metástase de carcinoma de células foliculares no pulmão (10X).

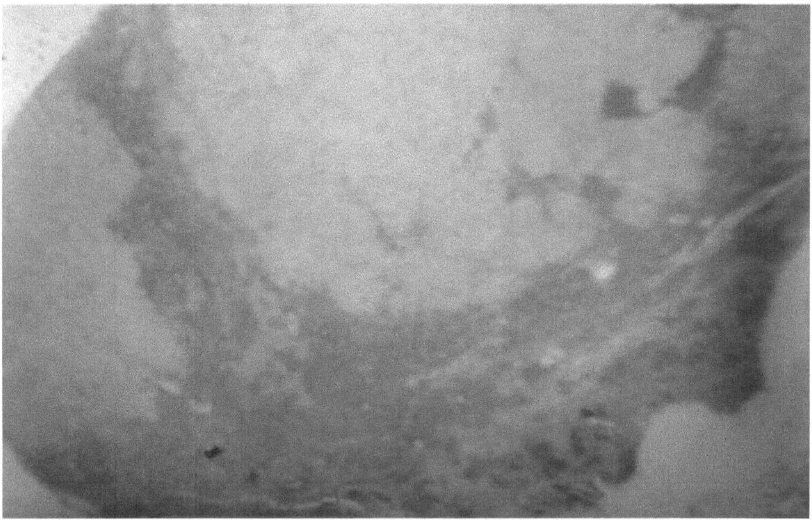

Figura 7: uma metástase de carcinoma de células foliculares no pulmão (4X)

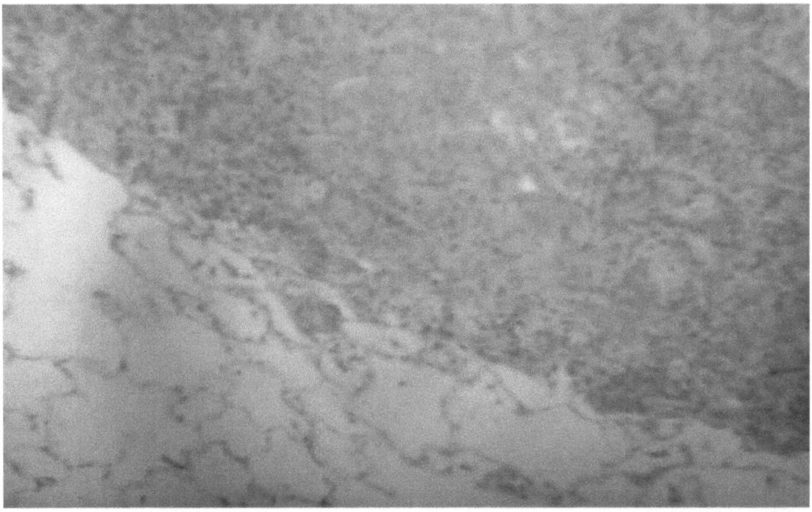

Figura 8: uma metástase de carcinoma folicular da tiroide no pulmão (4X).

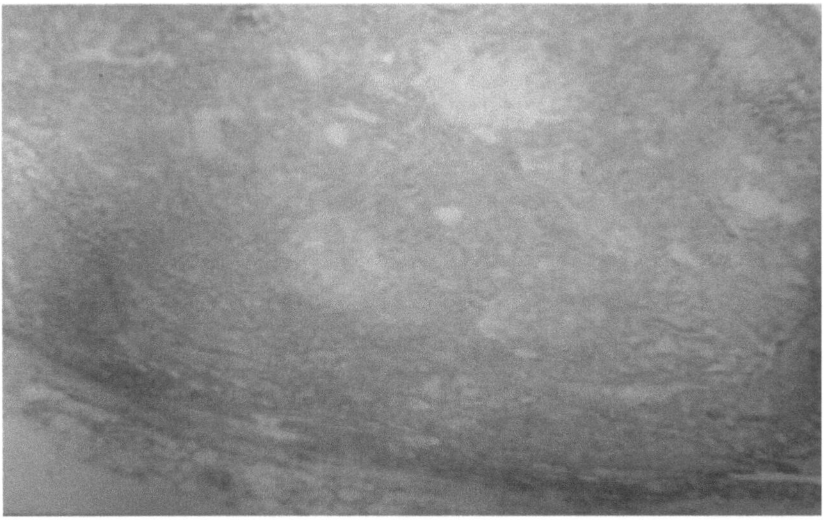

Figura 9: uma metástase de carcinoma folicular da tiroide para o nódulo linfático (4X)

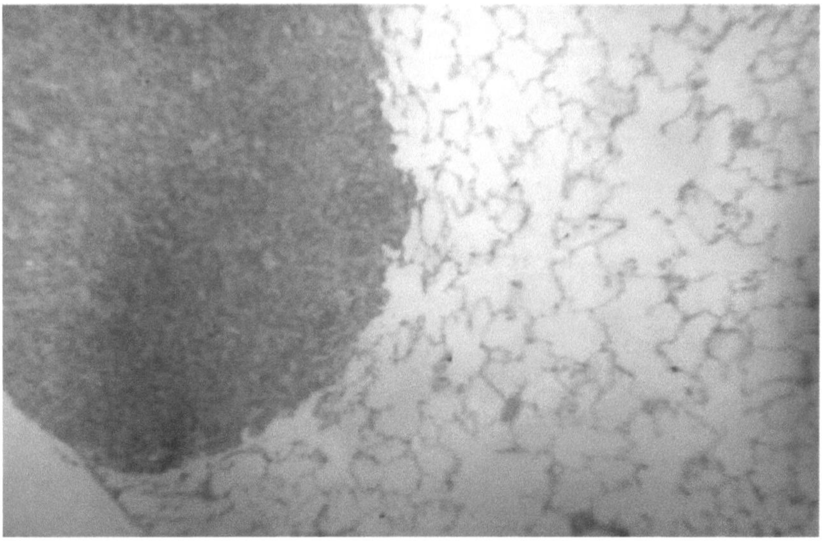

Figura 10: metástases de carcinoma da tiroide no pulmão (4X)

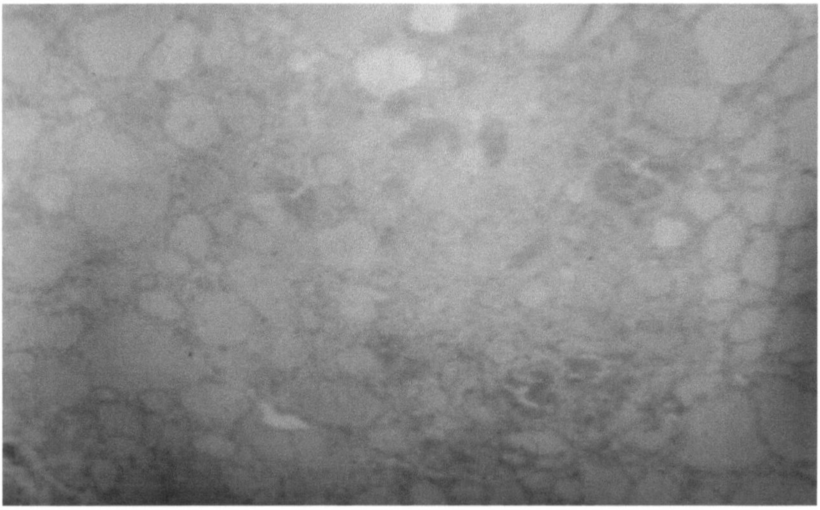

Figura 11: Carcinoma folicular da tiroide (4X)

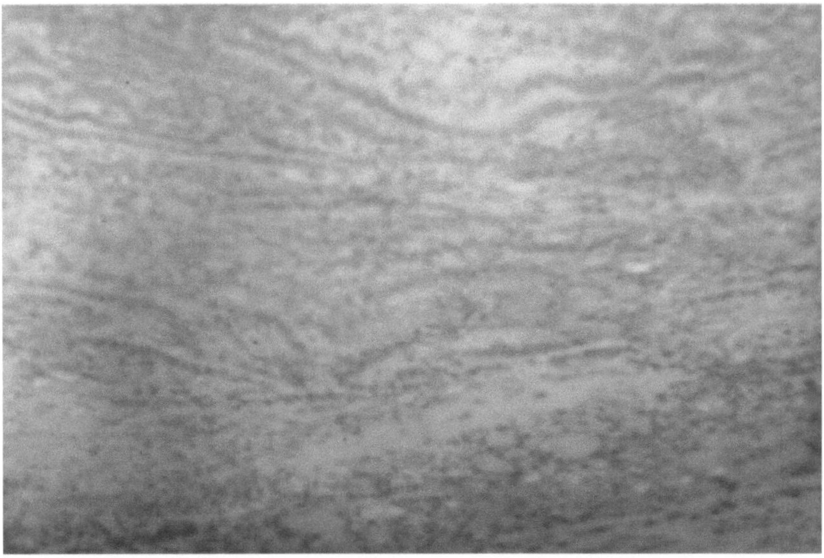

Figura 12: Carcinoma folicular da tiroide (40X)

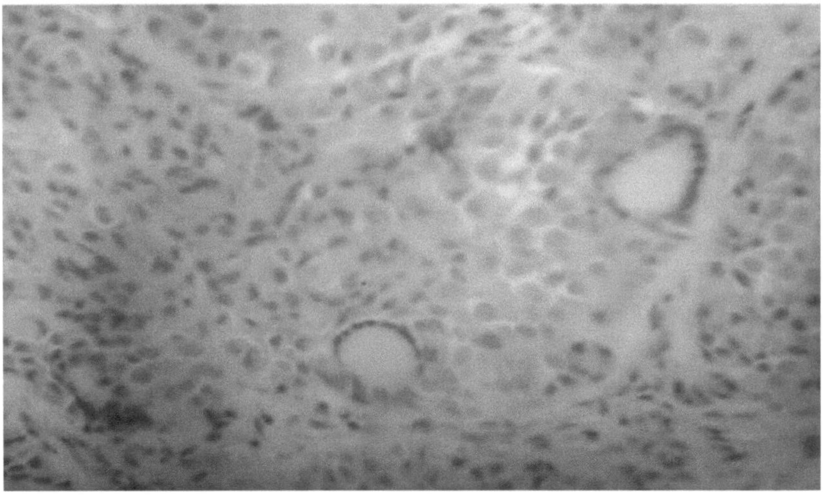

Figura 13: Carcinoma de células C da tiroide (célula secretora de calcitonina ou célula parafolicular.(10 X)

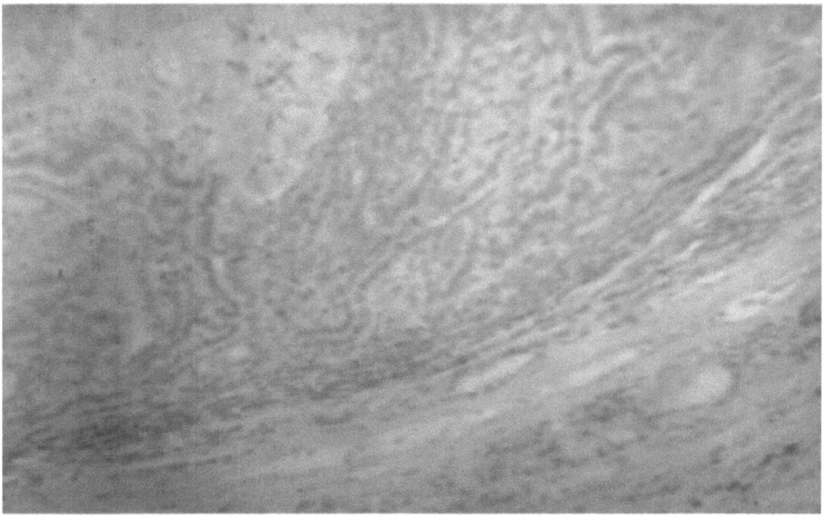

Figura 14: Carcinoma de células foliculares (10X)

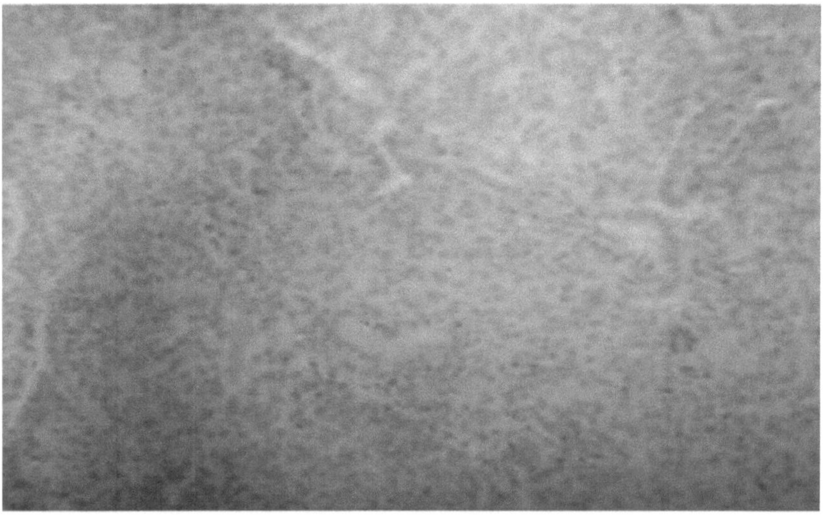

Figura 15: Carcinoma de células foliculares alto (10X)

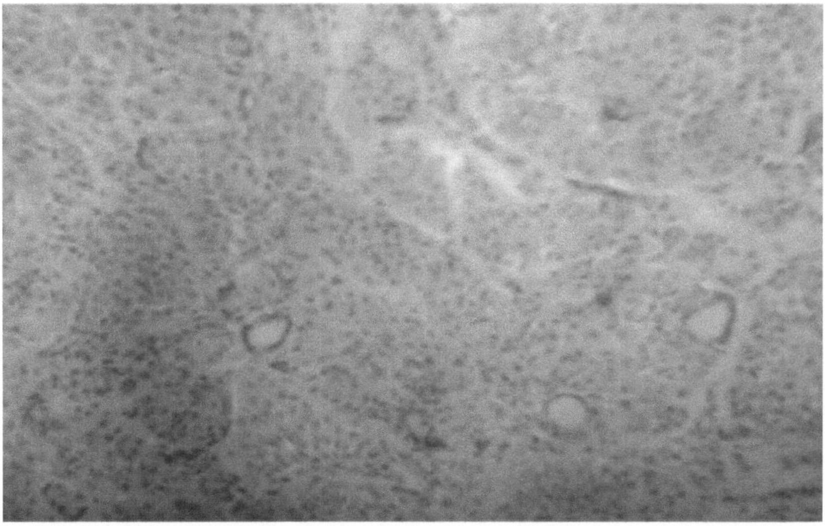

Figura 16: Carcinoma de células C da tiroide (10 X)

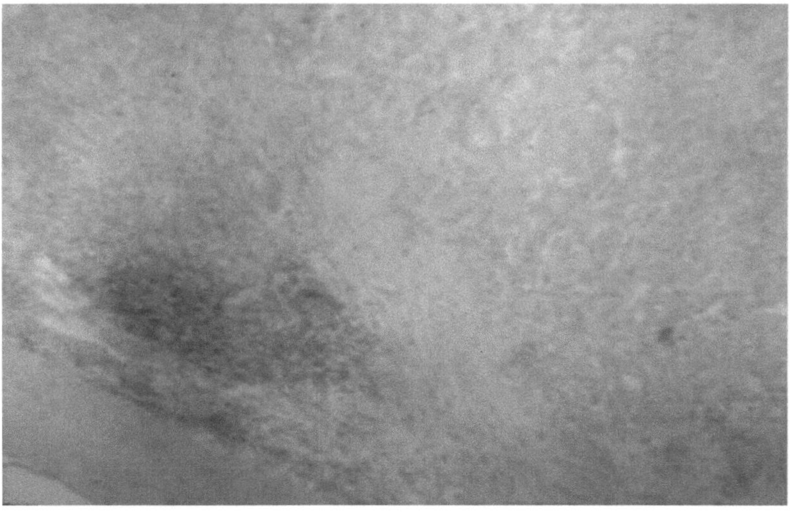

Figura 17: Metástases de carcinoma de células foliculares em gânglio linfático cervical profundo (10X)

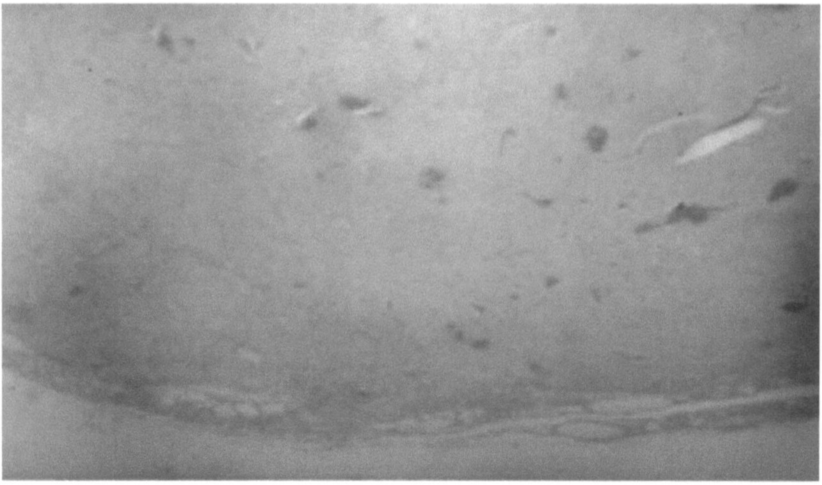

Figura 18: Metástase de carcinoma de células C em gânglio linfático cervical profundo (10X)

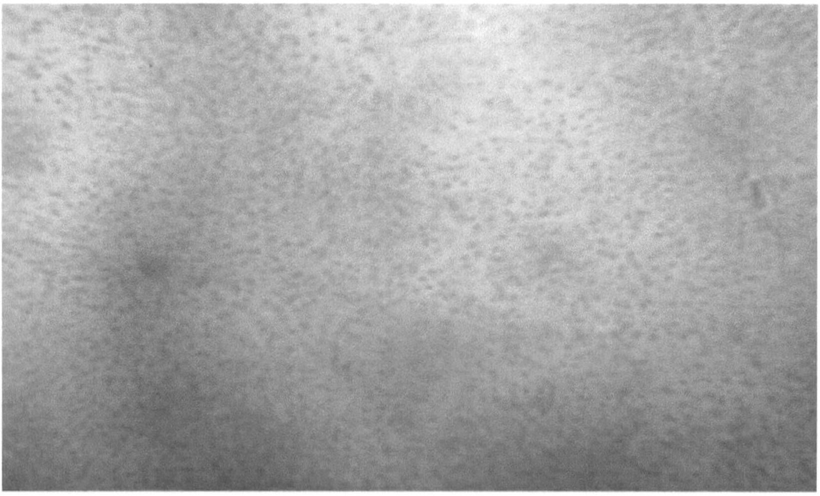

Figura 19: Metástases de carcinoma de células C (10X)

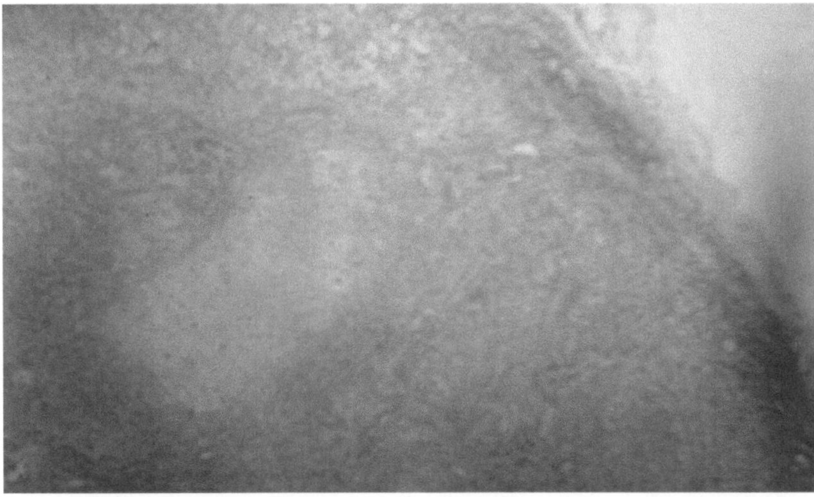

Figura 20: metástases de carcinoma de células C (10X)

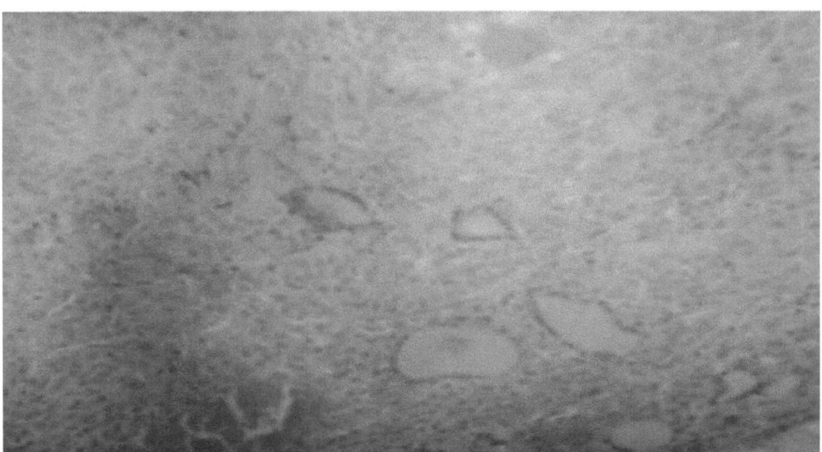

Figura 21: Carcinoma de células C na tiroide (10X)

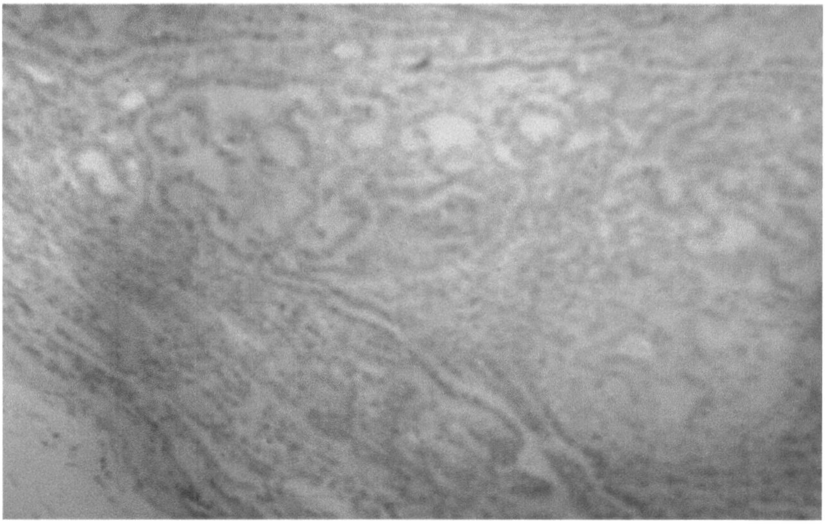

Figura 22: Carcinoma folicular da tiroide (10X)

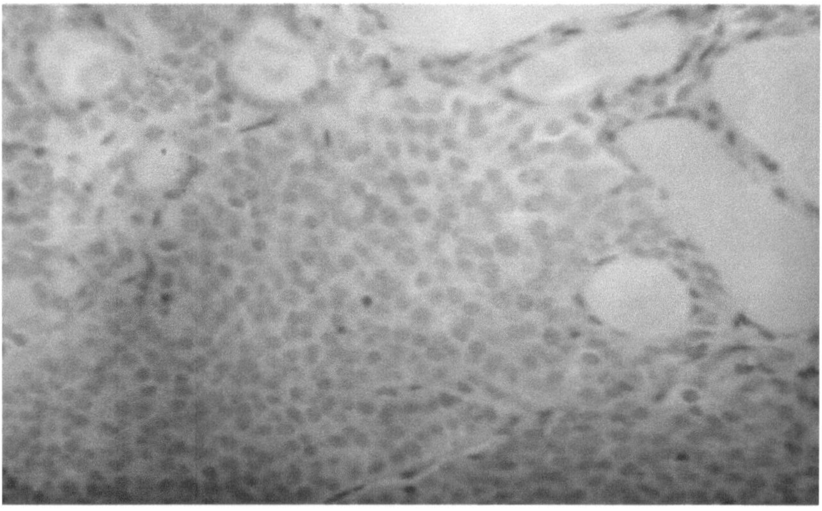

Figura 23: Carcinoma de células C na tiroide (10X)

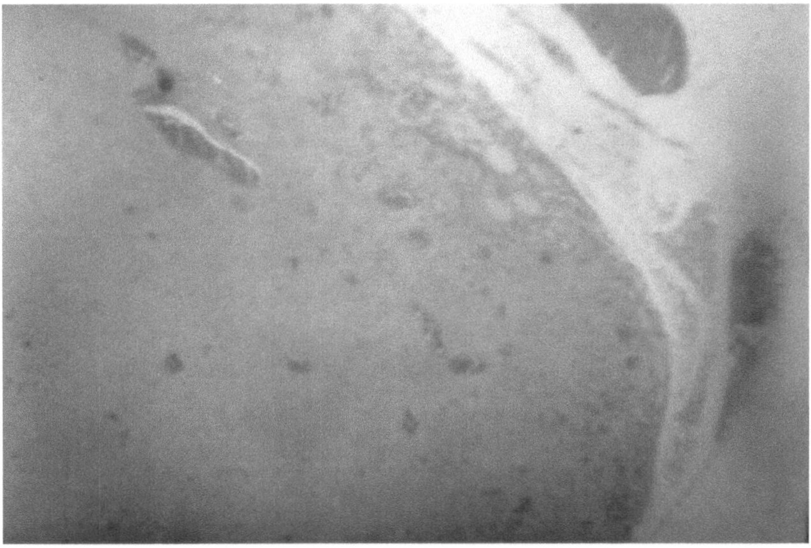

Figura 24: Carcinoma de células C da tiroide. (4 X)

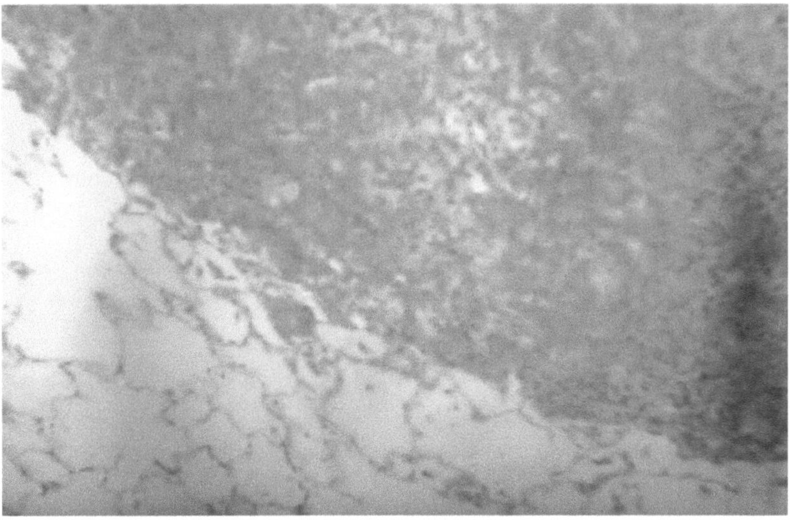

Figura 25: metástase de carcinoma de células C para o pulmão (10X).

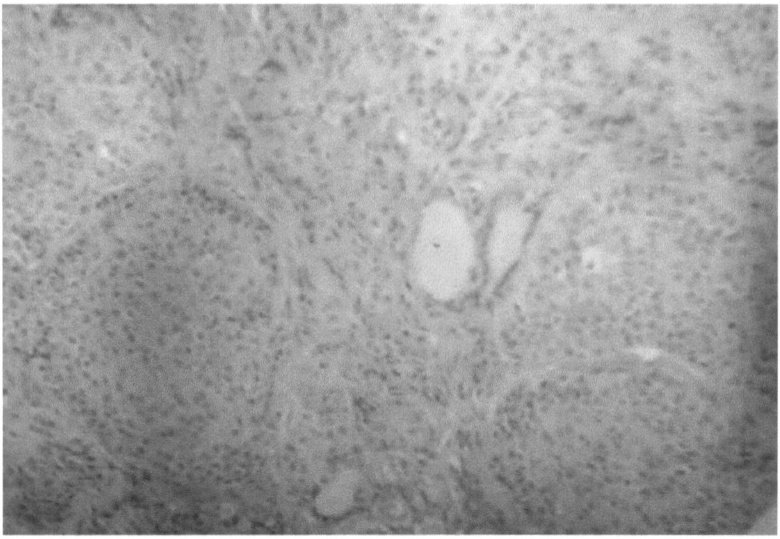

Figura 26: Carcinoma de células C da tiroide (10X)

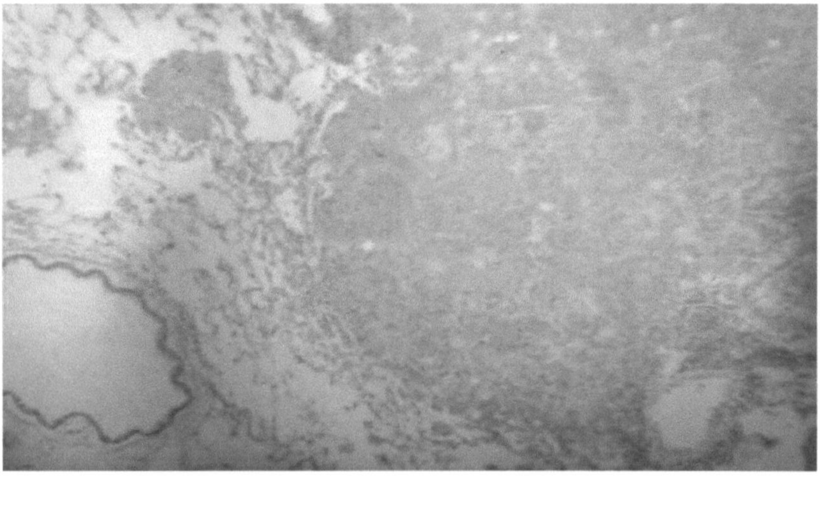

Figura 27: Carcinoma de células C no pulmão (10X)

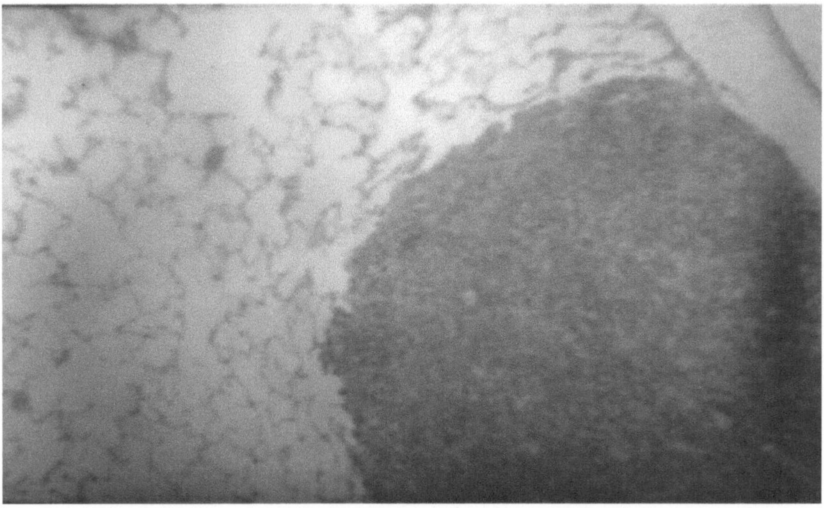

Figura 28: Carcinoma de células C no pulmão (10X)

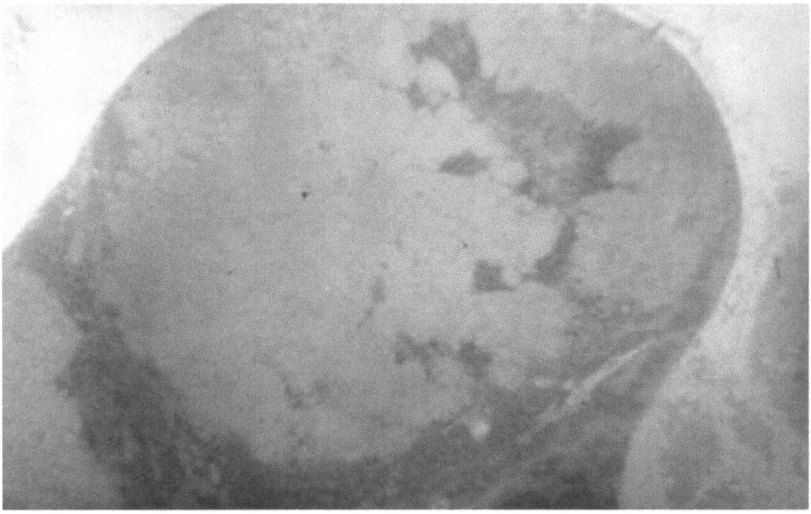

Figura 29: Metástase de carcinoma de células C em linfonodo cervical profundo. (4X)

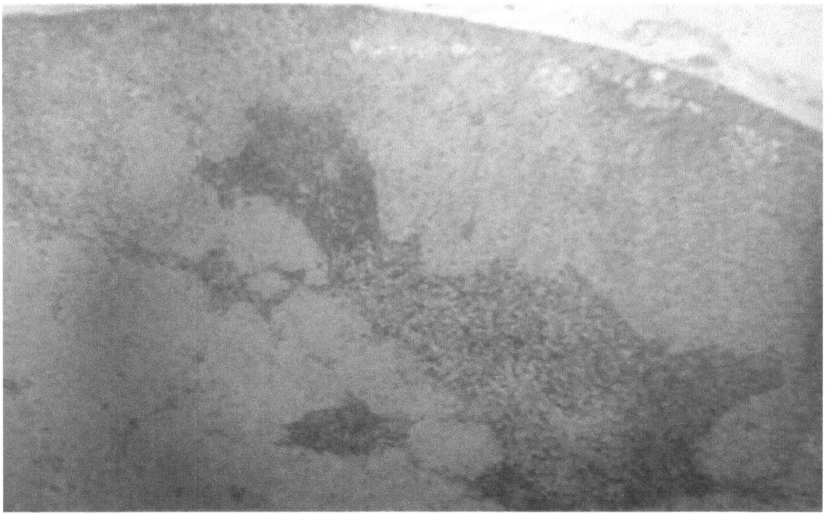

Figura 30: Metástase de carcinoma de células C em linfonodo cervical profundo. (10X)

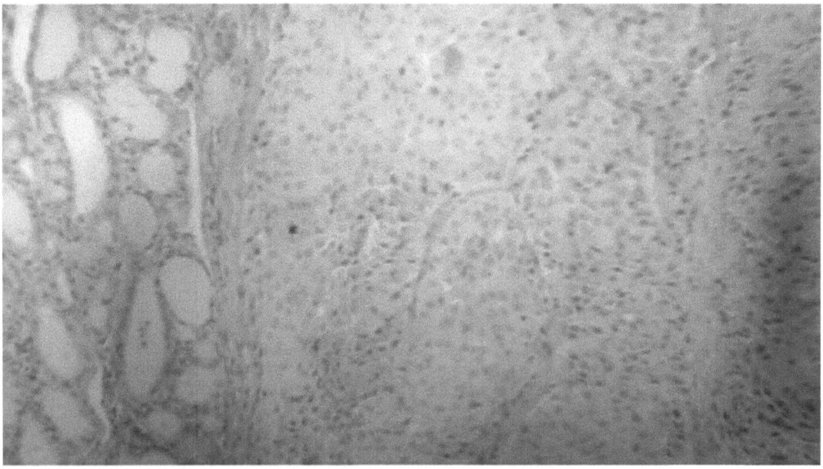

Figura 31: Carcinoma de células C na tiroide (10X).

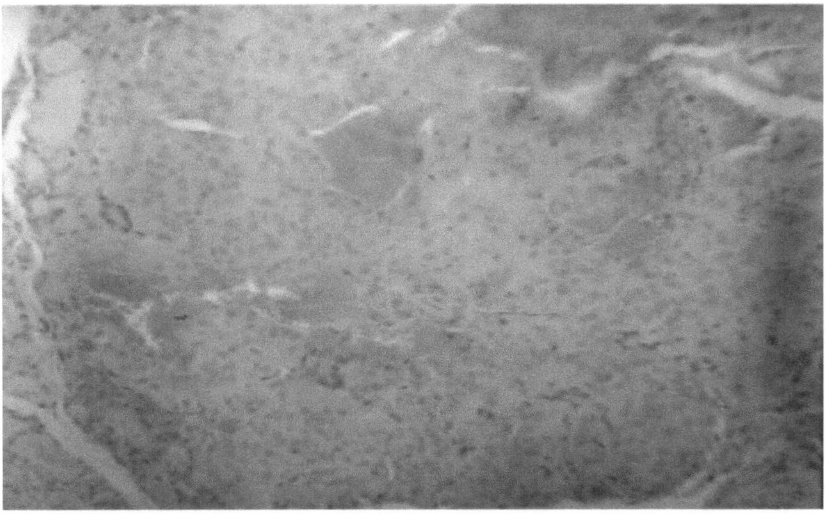

Figura 32: Carcinoma de células C na tiroide (4X).

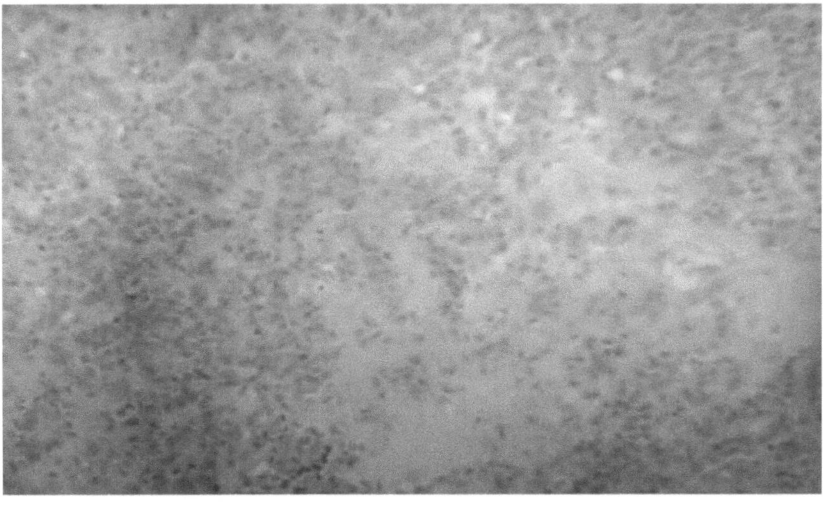

Figura 33: Carcinoma folicular da tiroide (4X)

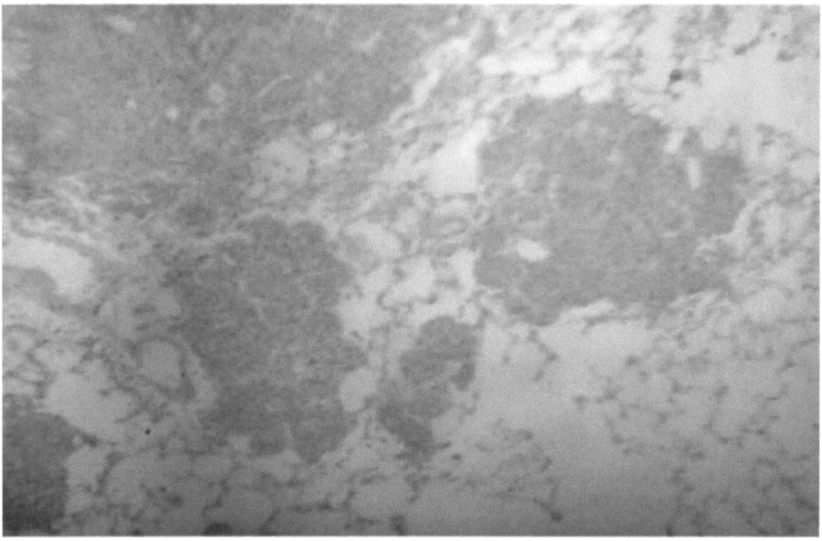

Figura 34: metástase de carcinoma de células C para o pulmão (4X)

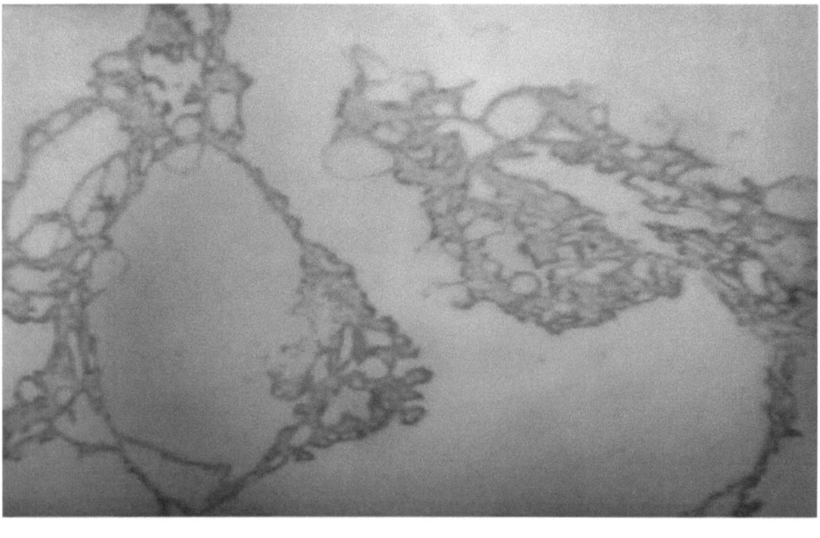

Figura 35: Carcinoma folicular da tiroide (10X)

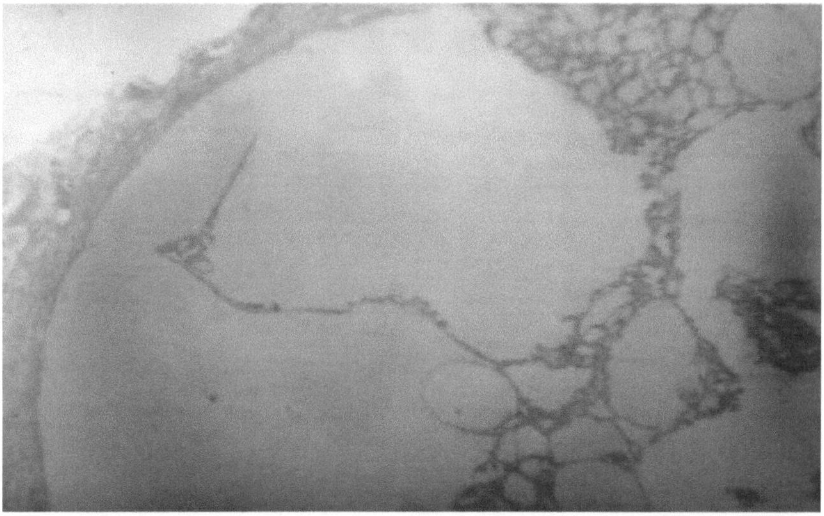

Figura 36: adenoma folicular quístico da tiroide (10X)

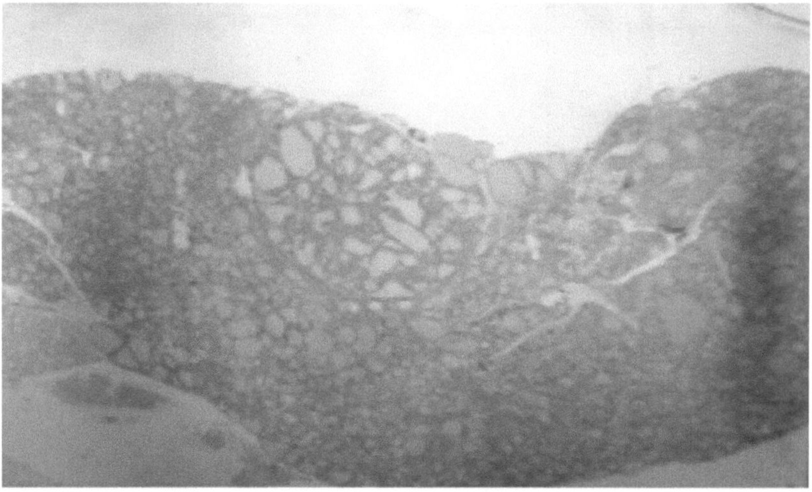

Figura 37: Carcinoma folicular da tiroide (10X)

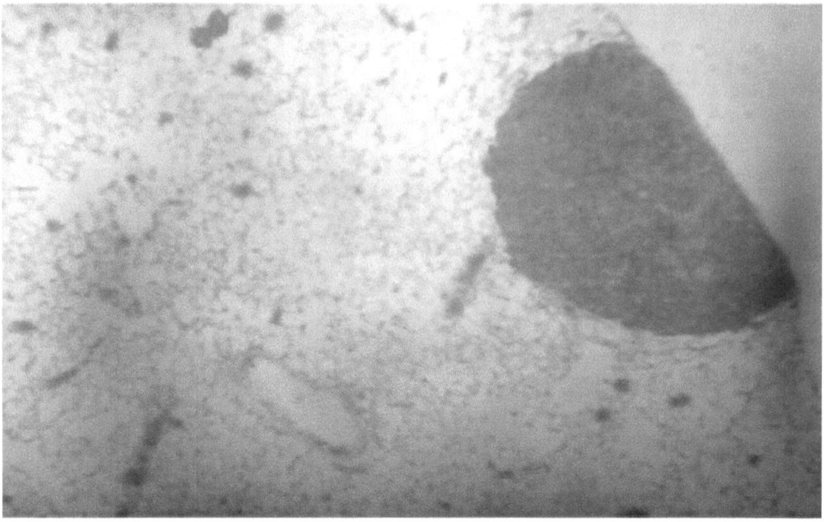

Figura 38: metástase de carcinoma de células C da tiroide para o pulmão (4X).

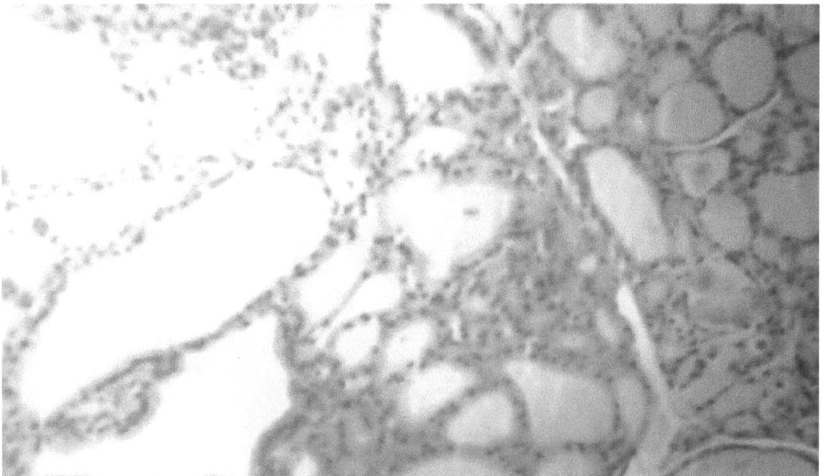

Figura 39: Carcinoma folicular da tiroide (40X)

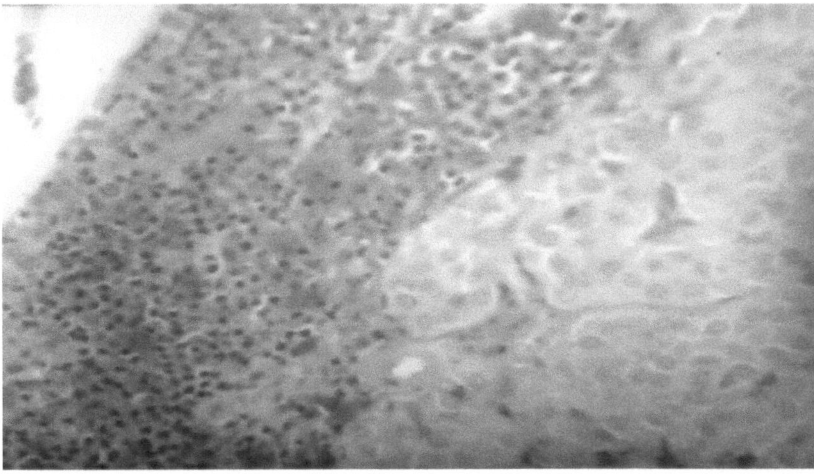

Figura 40: Carcinoma de células C da tiroide. (10X)

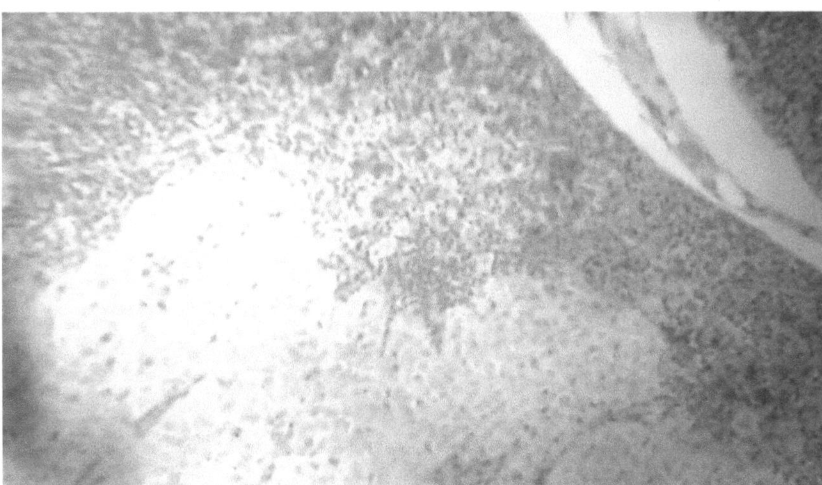

Figura 41: Carcinoma de células C da tiroide. (4X)

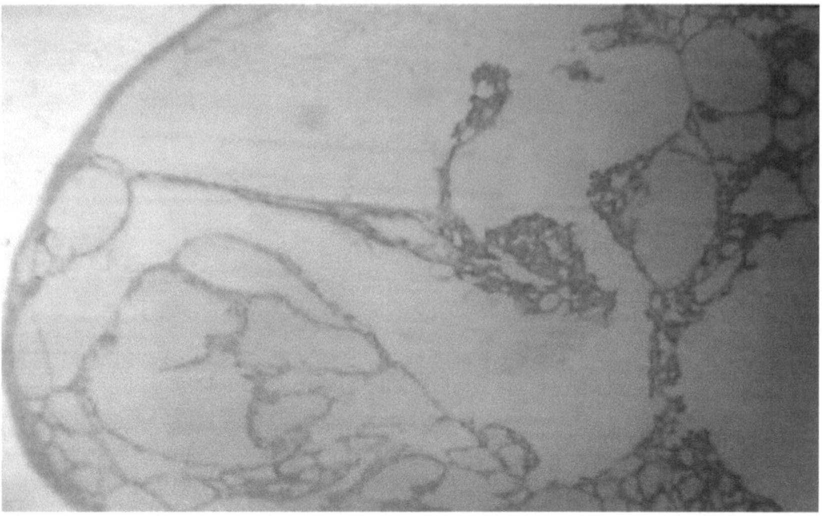

Figura 42: adenoma folicular quístico da tiroide (10X)

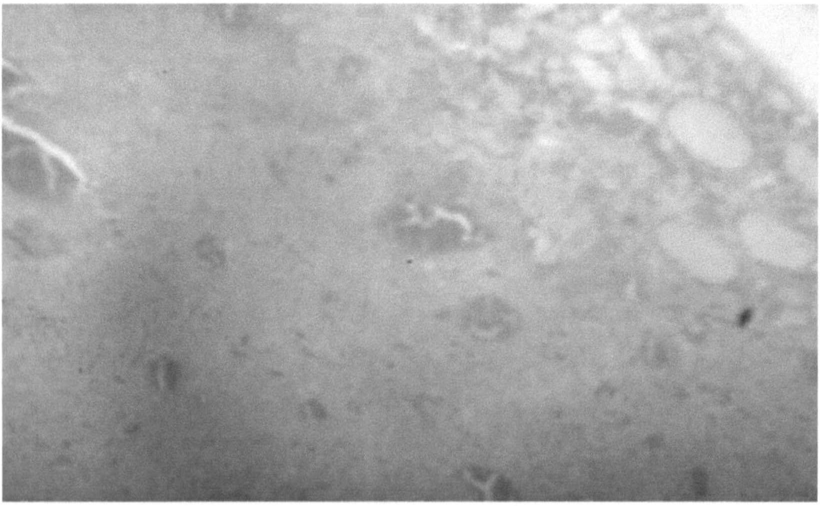

Figura 43: Carcinoma folicular da tiroide (4X)

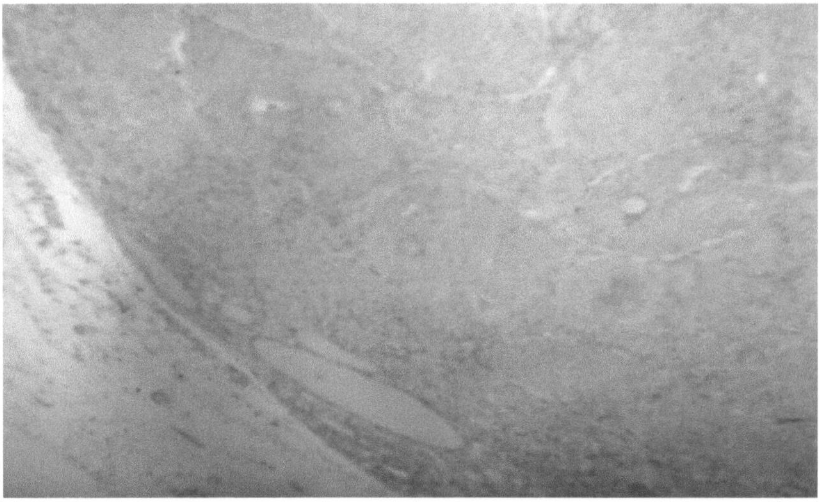

Figura 44: Carcinoma folicular da tiroide (10X)

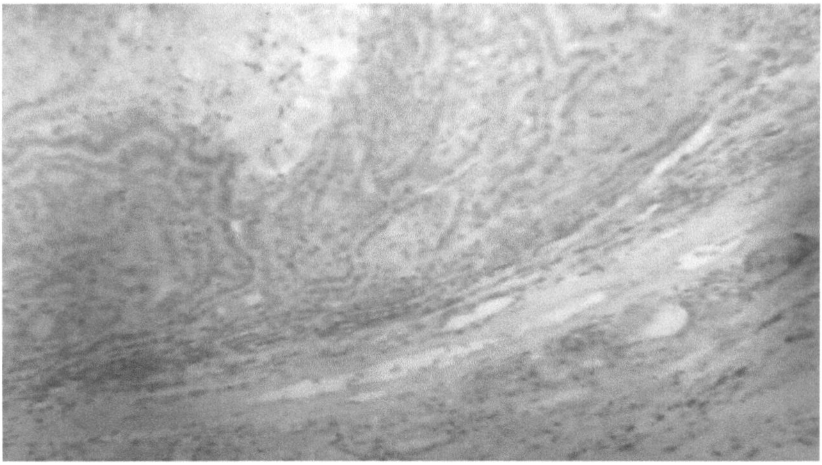

Figura 45: Carcinoma folicular da tiroide (10X)

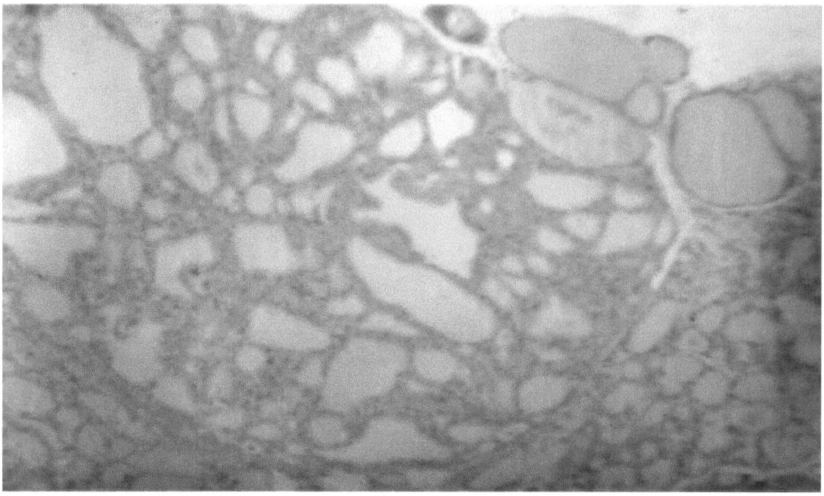

Figura 46: Carcinoma folicular da tiroide (40X)

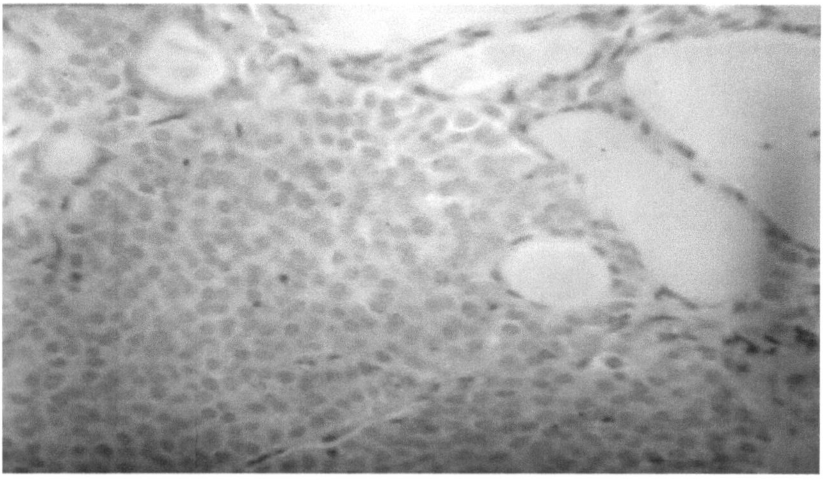

Figura 47: Carcinoma de células C da tiroide (10X)

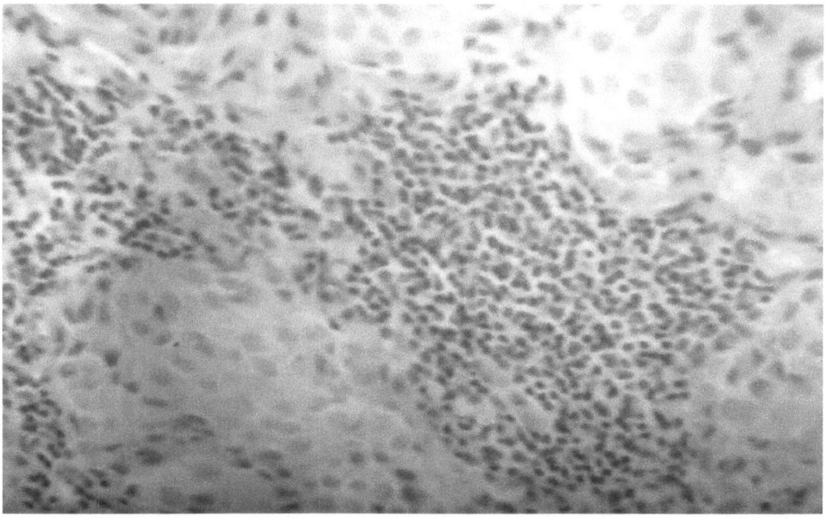

Figura 48: Tumor benigno de células C na tiroide. (10X)

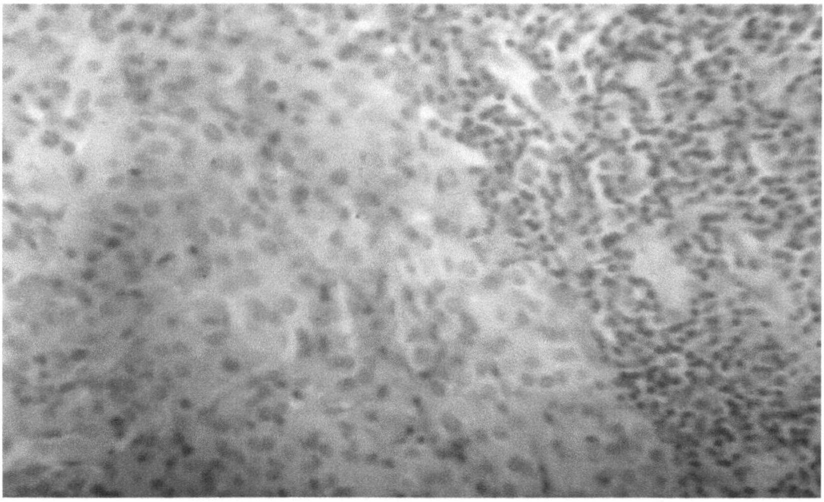

Figura 49: Tumor benigno de células C na tiroide. (40X)

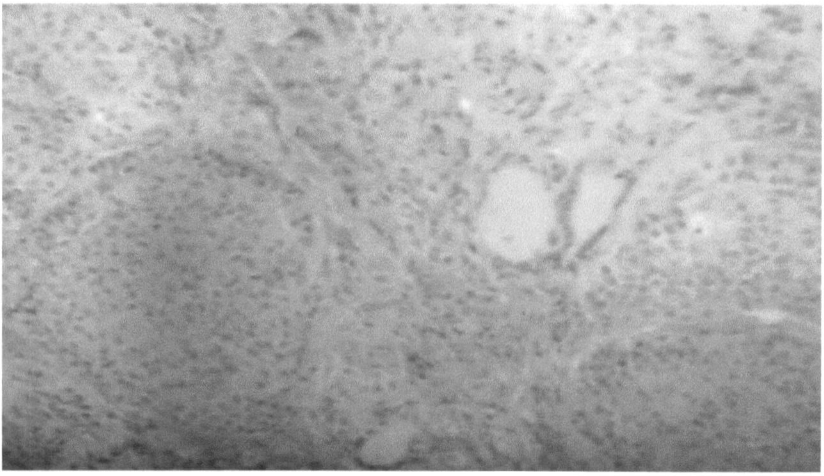

Figura 50: Carcinoma de células C na tiroide (10X)

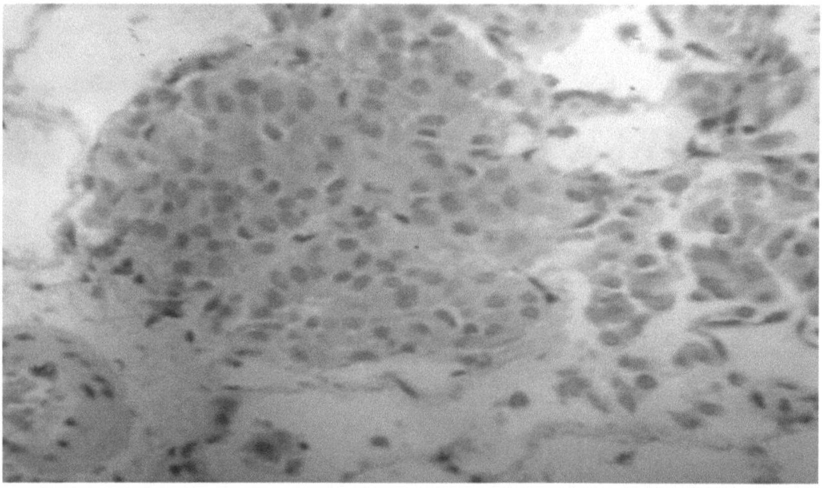

Figura 51: metástase de carcinoma de células C para o pulmão (40X).

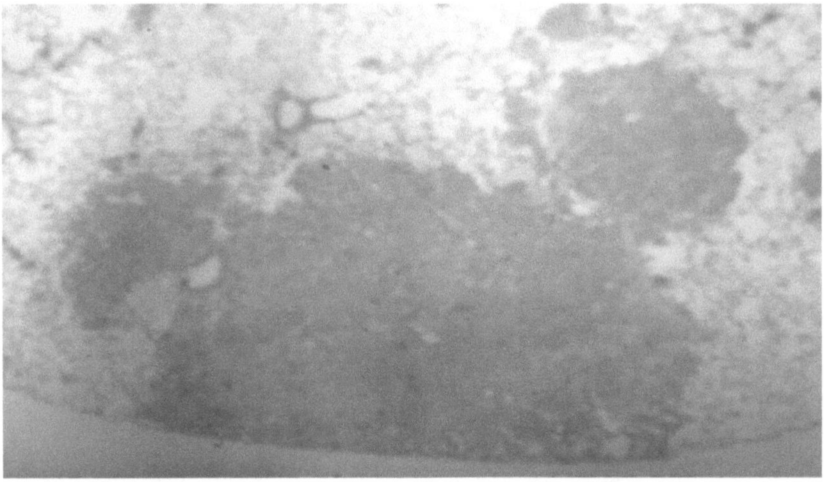

Figura 52: Metástases de carcinoma de células C da tiroide para o pulmão (4X).

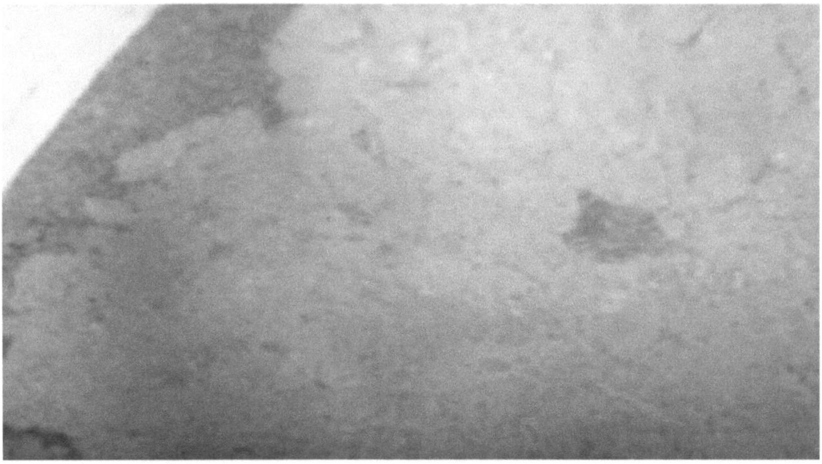

Figura 53: metástase de carcinoma de células C da tiroide em gânglio linfático cervical profundo (4X)

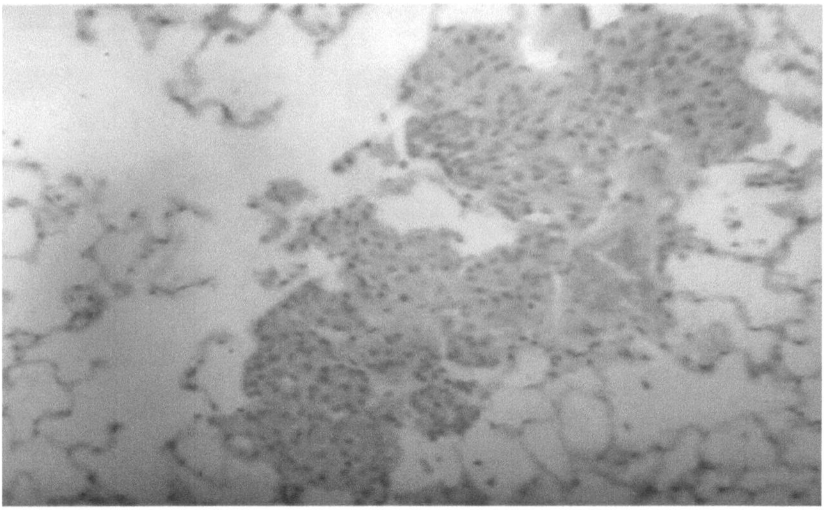

Figura 54: metástases de carcinoma de células C da tiroide para o pulmão (10X).

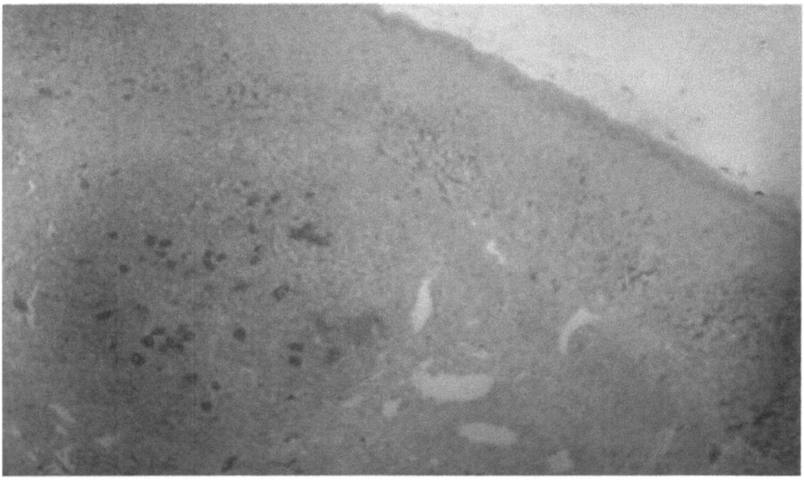

Figura 55: feocromocitoma (tumor da medula suprarrenal) (4X)

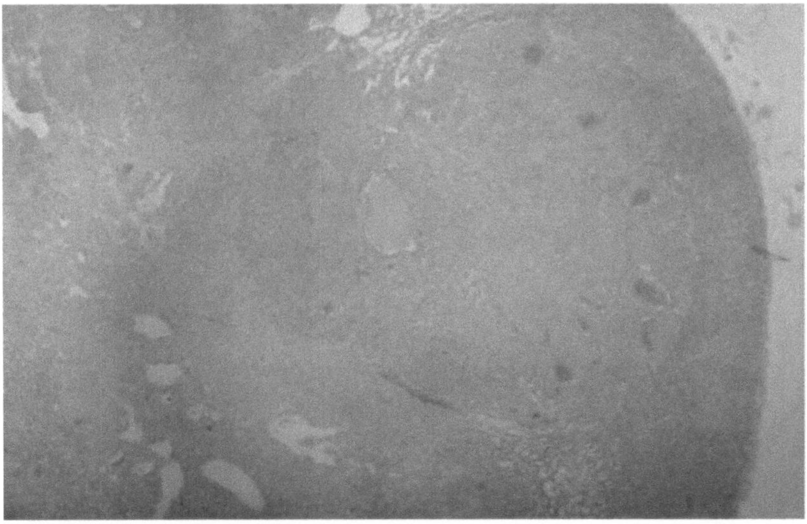

Figura 56: tumor cortical maligno (4X).

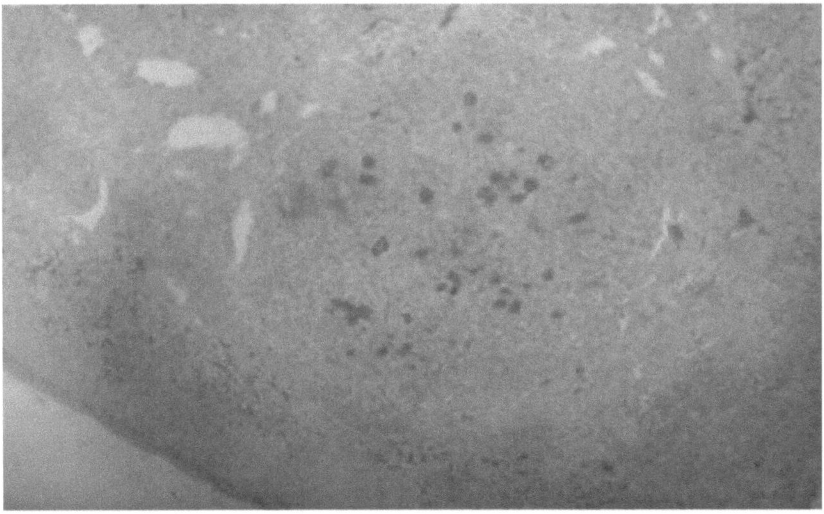

Figura 57: tumor cortical maligno, notar vasos sanguíneos congestionados (4X).

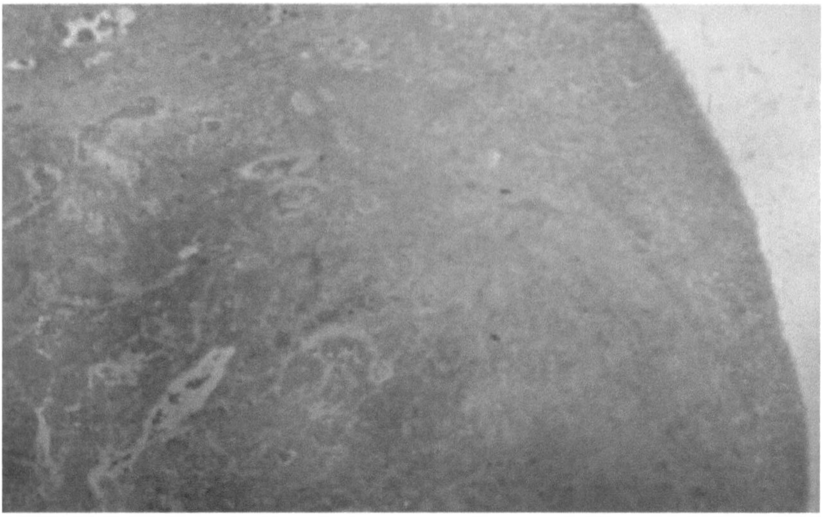

Figura 58: tumor cortical maligno (10X).

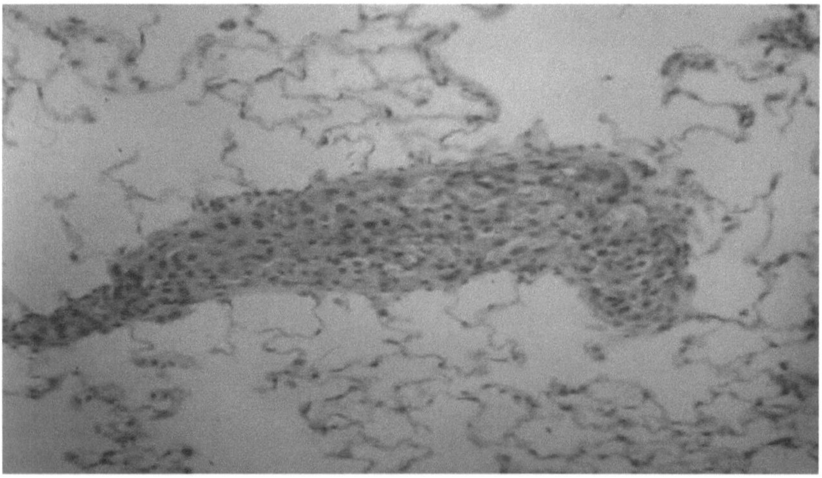

Figura 59: Metástase de carcinoma maligno da cortical suprarrenal para o pulmão (10X).

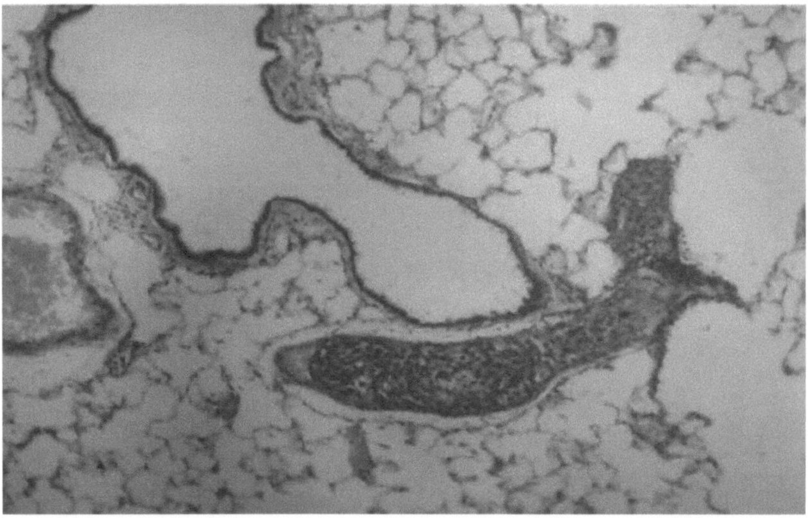

Figura 60: Metástase de feo-cromocitoma para o pulmão (10X).

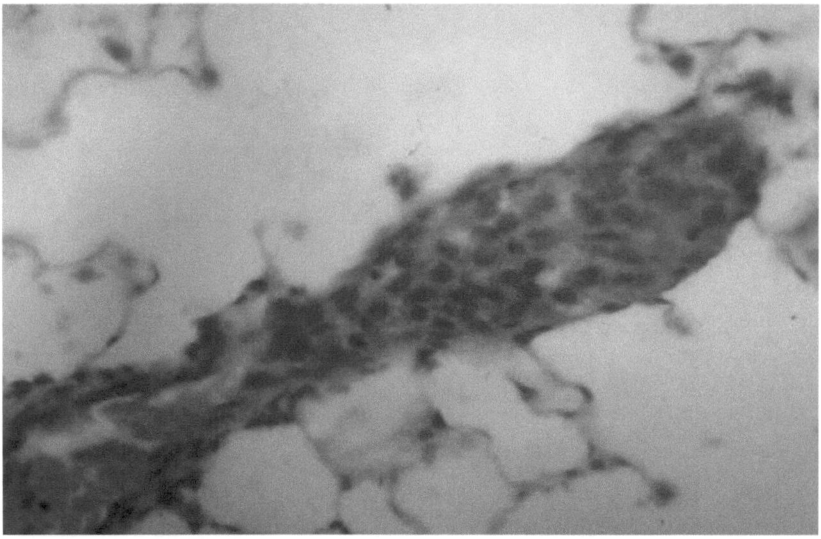

Figura 61: metástase de carcinoma cortical da suprarrenal para o pulmão (40X).

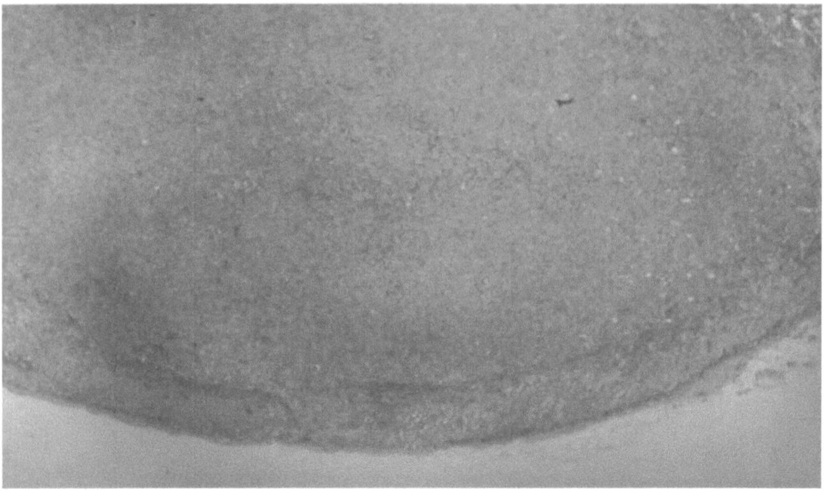

Figura 62: Carcinoma da cortical suprarrenal (4X)

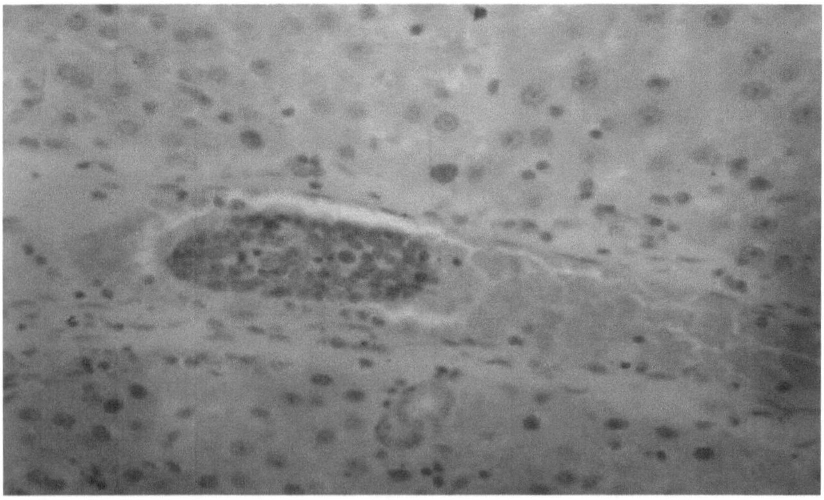

Figura 63: metástase de feo-cromocitoma no fígado, notar depósito intra-vesicular do tumor (40X).

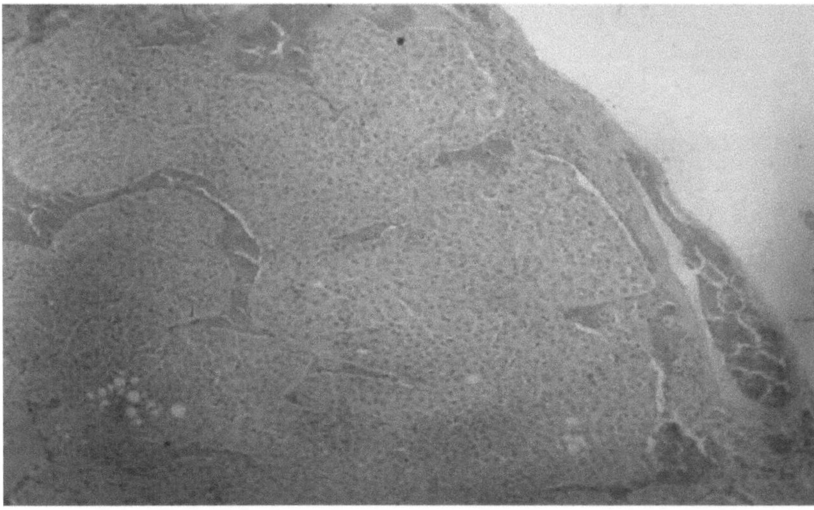

Figura 64: Carcinoma da cortical suprarrenal, notar vaso sanguíneo congestionado (4X)

Figura 65: Carcinoma da cortical suprarrenal, notar vaso sanguíneo congestionado (4X)

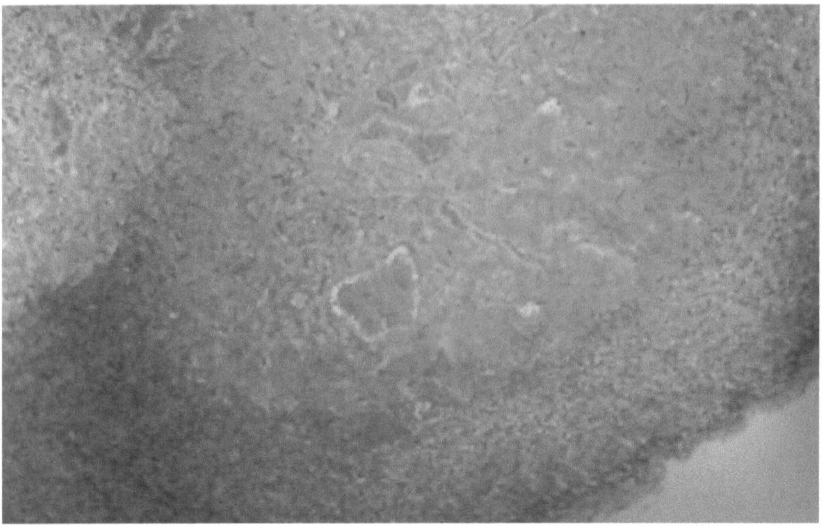

Figura 66: Carcinoma da cortical suprarrenal (4X)

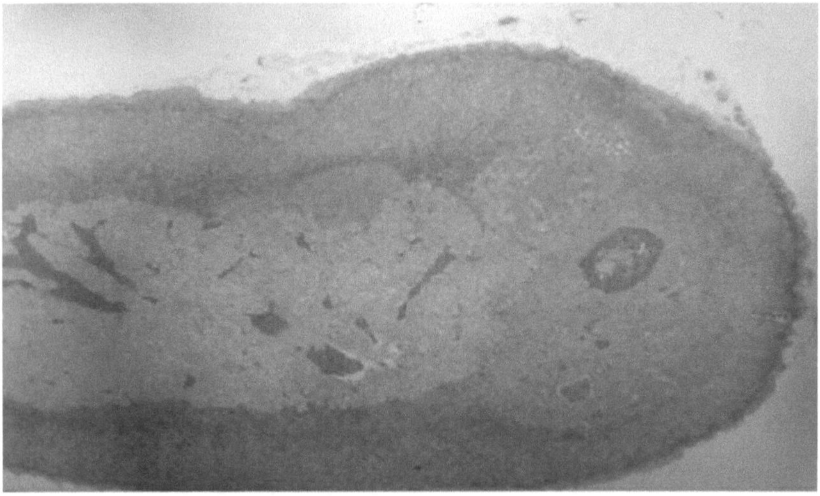

Figura 67: Tumor medular da suprarrenal (feocromocitoma). (4X)

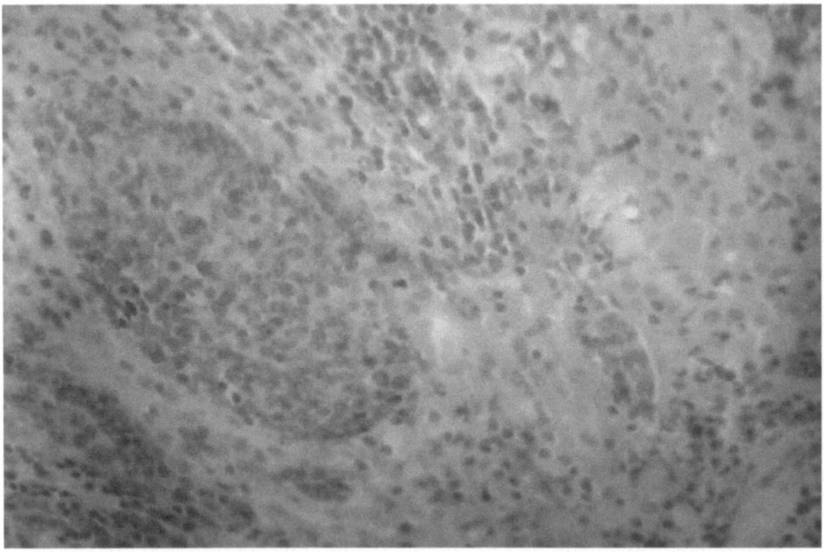

Figura 68: feocromocitoma (10X).

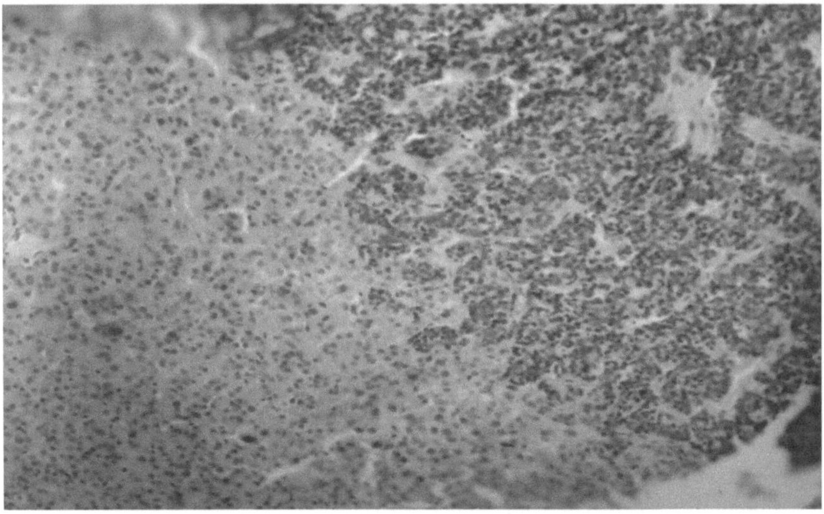

Figura 69: feocromocitoma (10X)

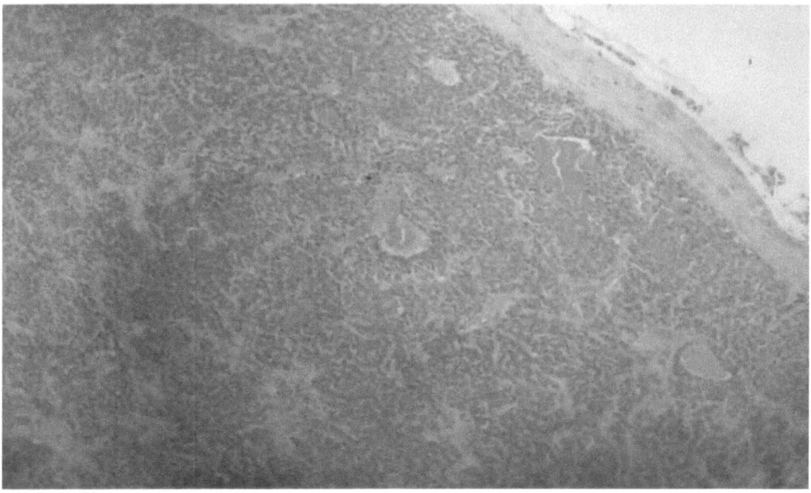

Figura 70: Feocromocitoma maligno (carcinoma medular da suprarrenal) (10X)

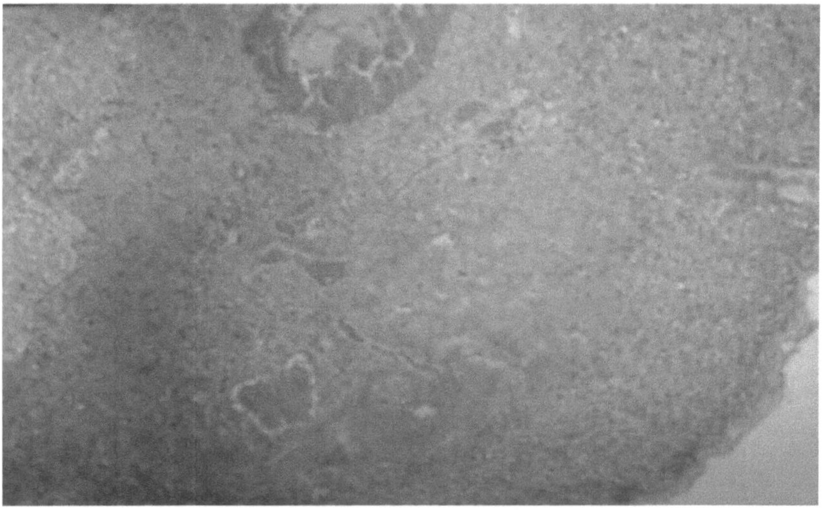

Figura 71: Carcinoma da cortical suprarrenal (4X)

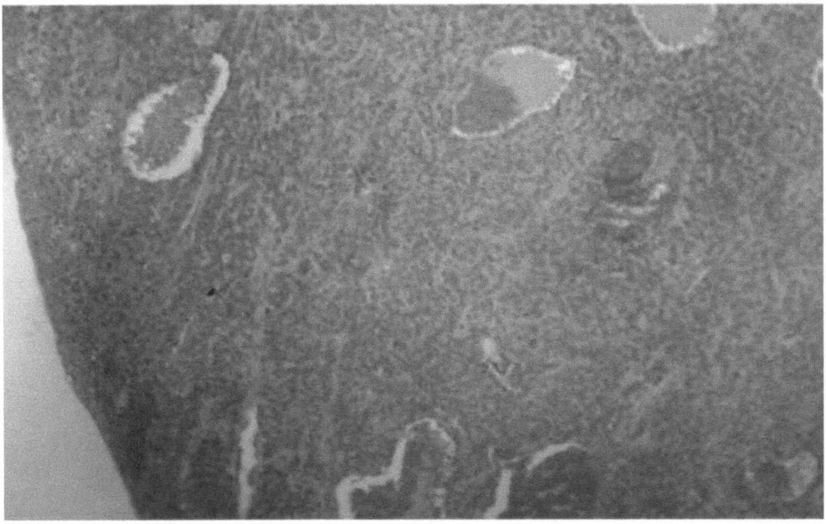

Figura 72: Carcinoma da cortical suprarrenal, notar vasos sanguíneos congestionados (4X)

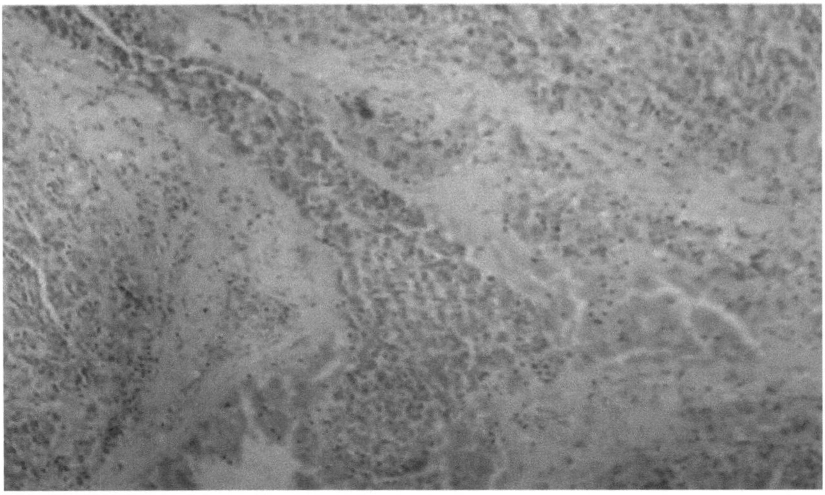

Figura 73: feocromocitoma.(10X)

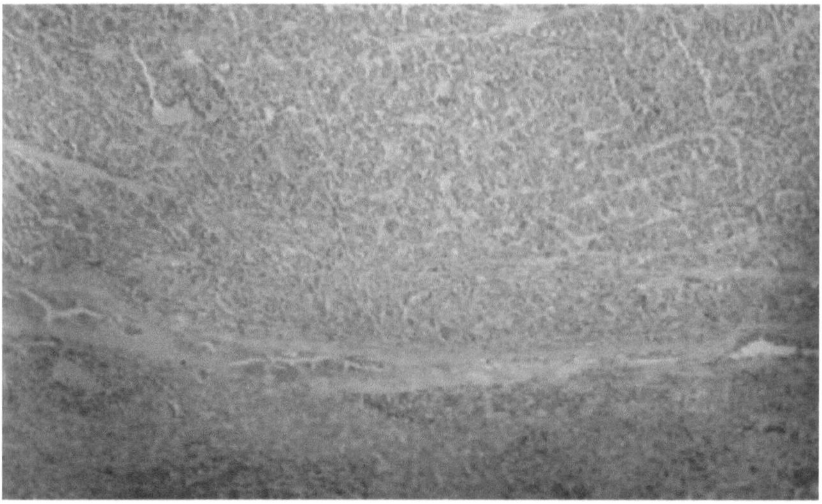

Figura 74: feocromocitoma maligno (4X)

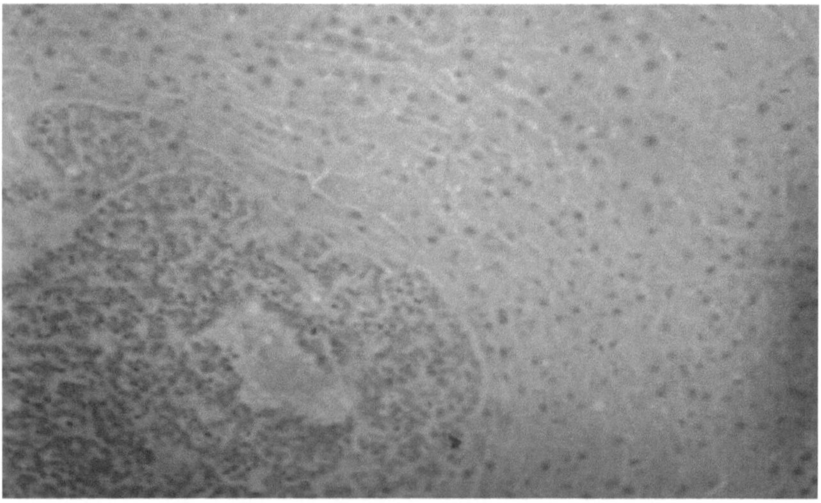

Figura 75: feocromocitoma (metástase no fígado) (10X).

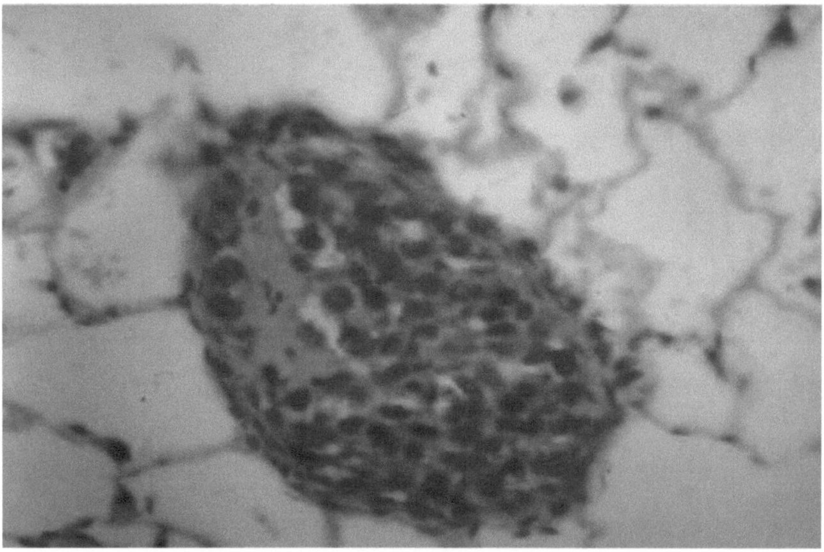

Figura 76: metástase de carcinoma cortical da suprarrenal no pulmão (40X).

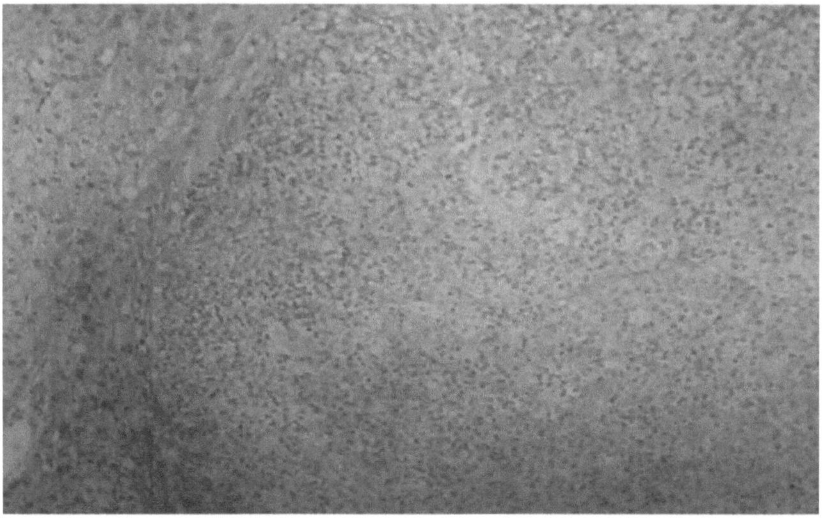

Figura 77: Carcinoma da cortical suprarrenal (4X)

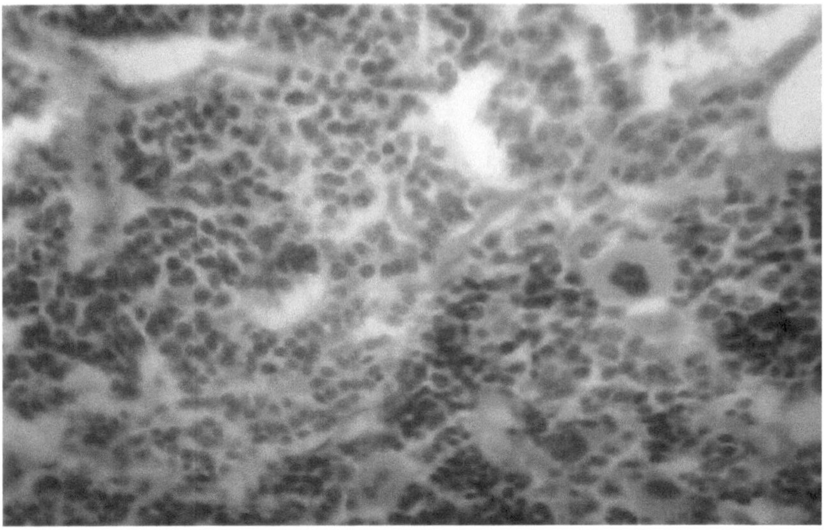

Figura 78: Carcinoma da cortical suprarrenal (40X).

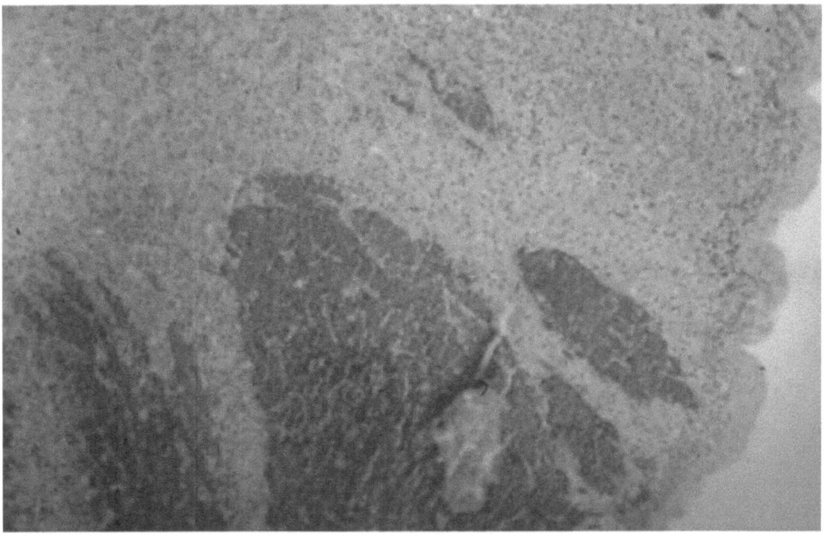

Figura 79: feocromocitomas na suprarrenal (4X).

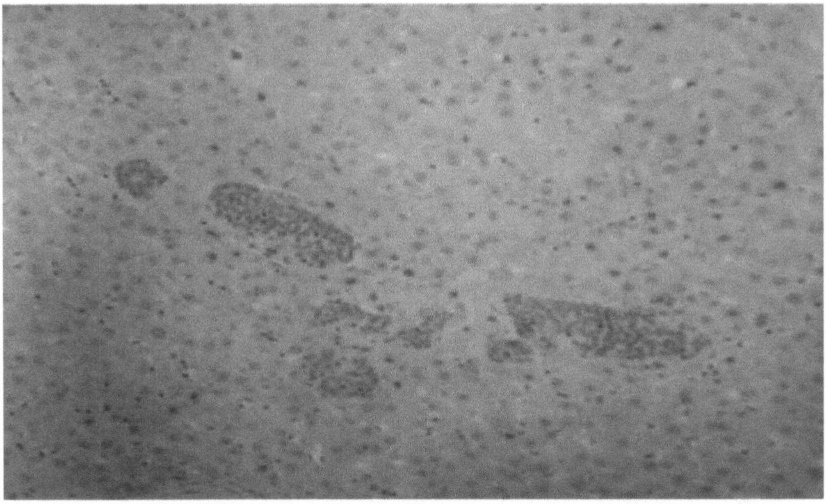

Figura 80: depósito de metástases de feocromocitomas da suprarrenal no fígado (10X).

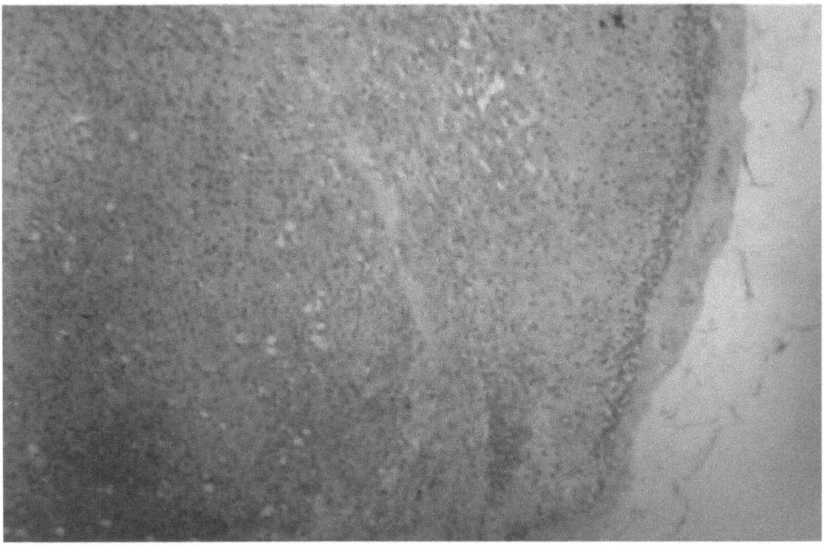

Figura 81: Carcinoma da cortical suprarrenal (4X)

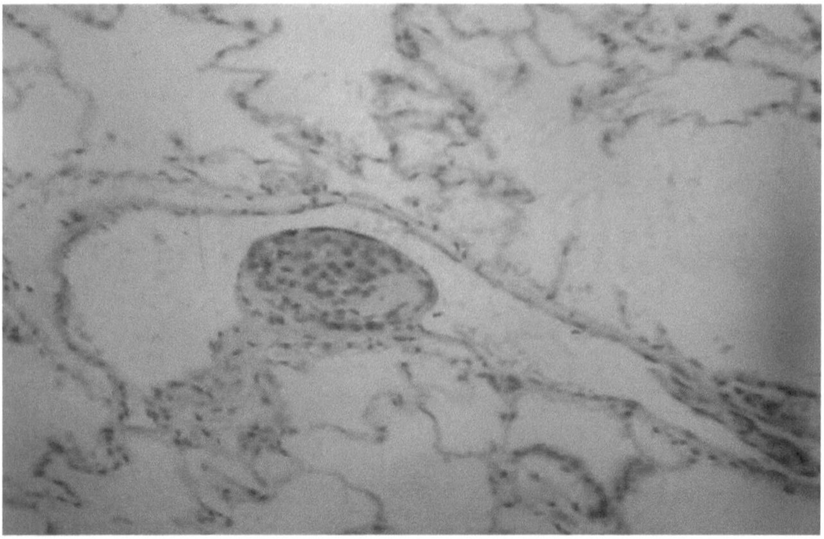

Figura 82: depósito de metástases de carcinoma adrenal no pulmão (10X).

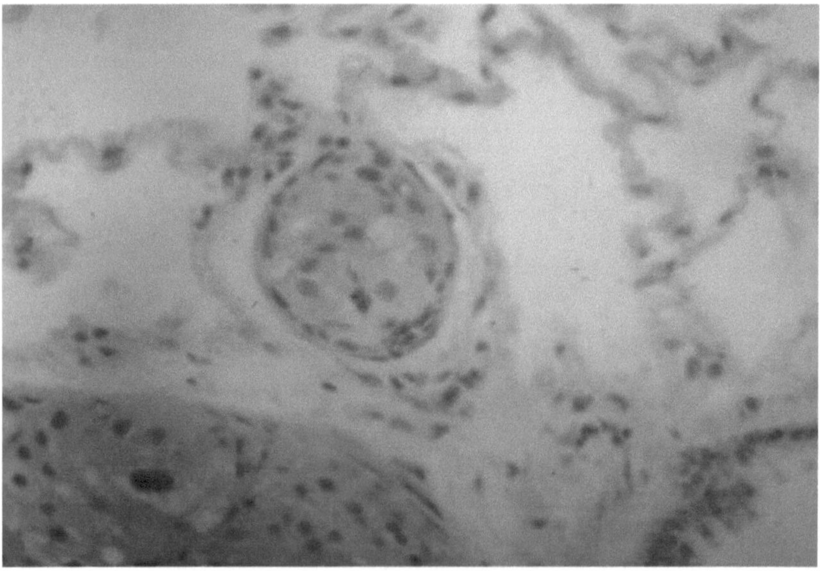

Figura 83: depósito de metástases de carcinoma adrenal no pulmão (40X).

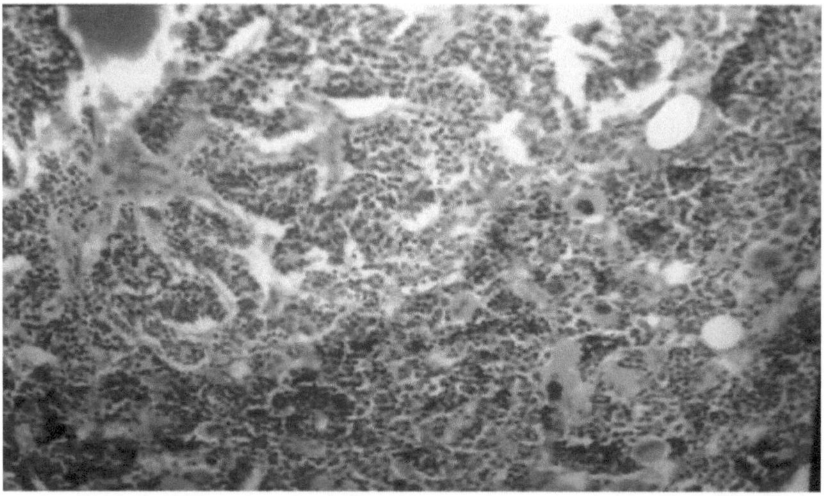

Figura 84: Carcinoma da cortical suprarrenal, notar vasos sanguíneos congestionados (10X).

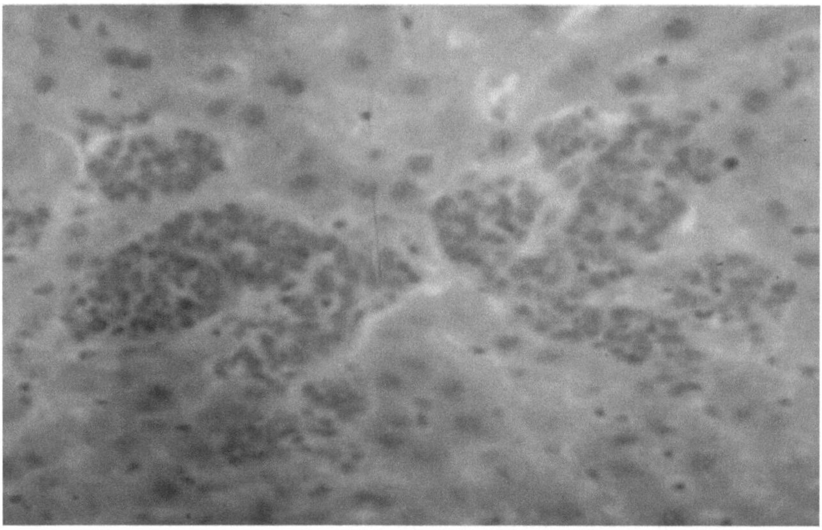

Figura 85: depósito metastático de feocromocitoma no fígado (40X).

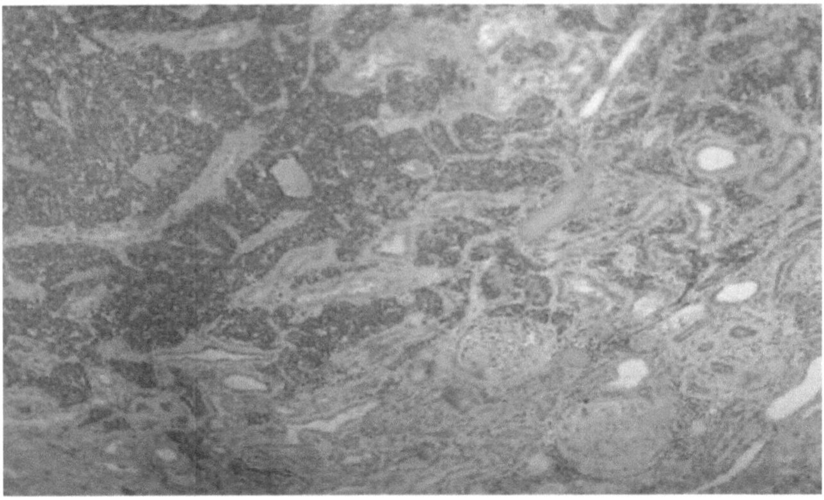

Figura 86: feocromocitoma adrenal (4X)

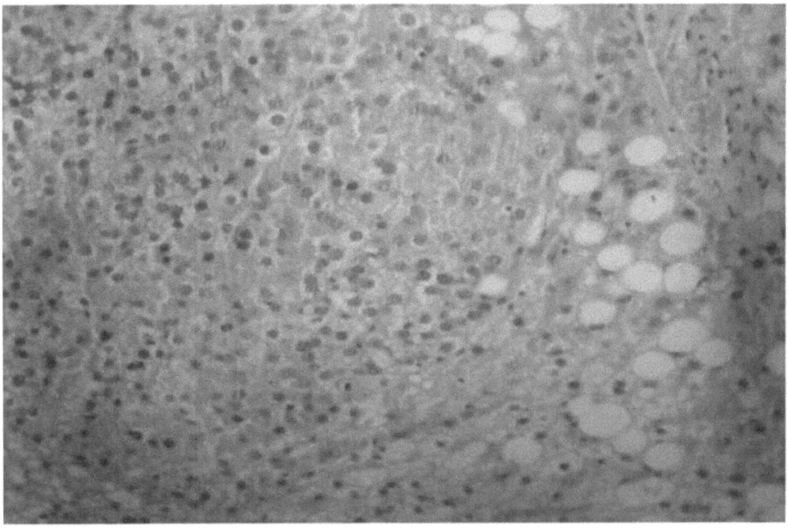

Figura87: Carcinoma da cortical suprarrenal (10X)

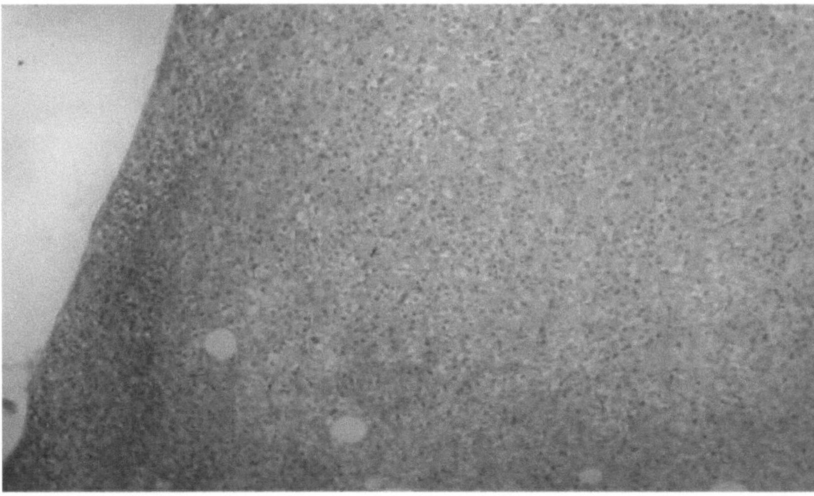

Figura88: Carcinoma da cortical suprarrenal (4X)

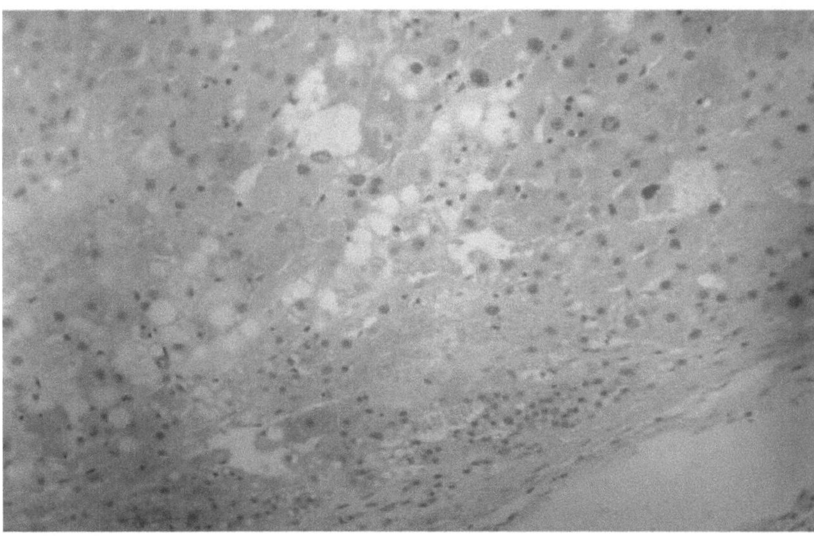

Figura 89: Carcinoma da cortical suprarrenal, vasos sanguíneos congestionados (10X)

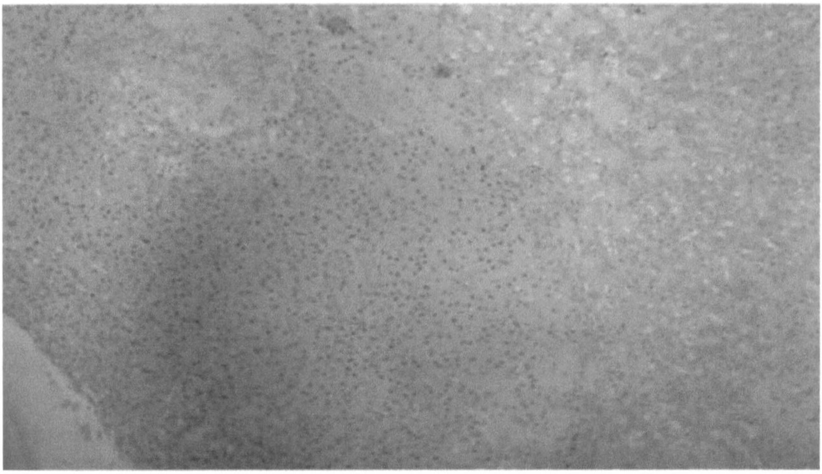

Figura 90: carcinoma da cortical suprarrenal, vasos sanguíneos congestionados (4X)

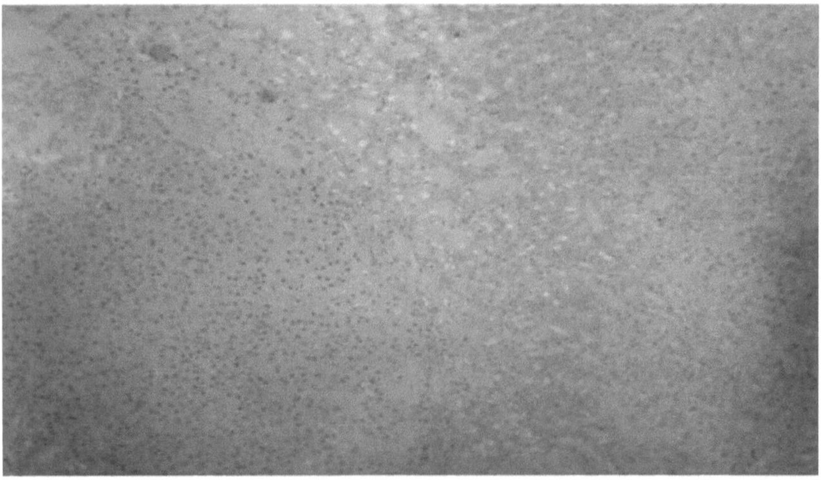

Figura 91: carcinoma da cortical suprarrenal, vasos sanguíneos congestionados (4X)

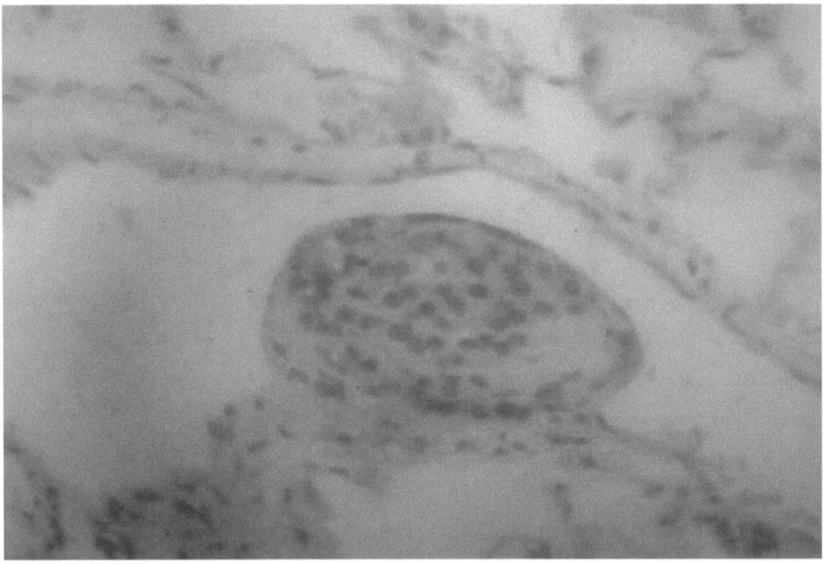

Figura 92: depósito de metástases de carcinoma cortical da suprarrenal no pulmão (40X).

Figura 93: Carcinoma da cortical suprarrenal com vasos sanguíneos congestionados (4X)

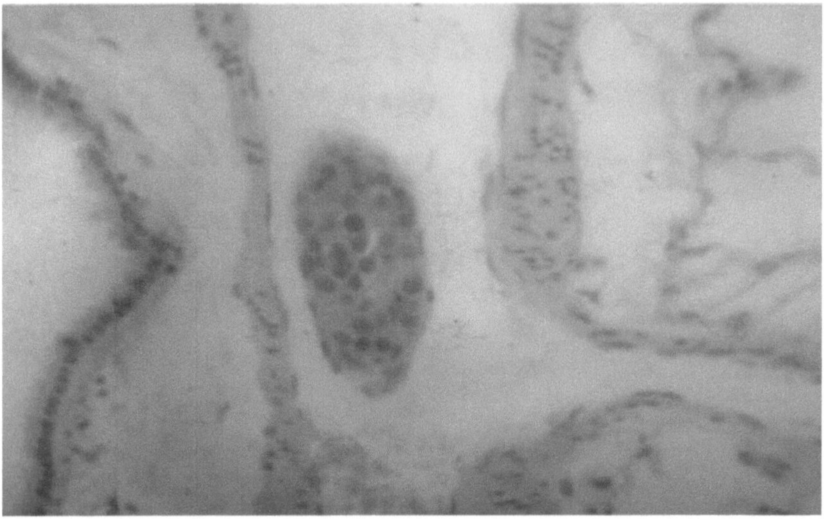

Figura 94: depósito metastático de carcinoma da suprarrenal no pulmão (intra-vesicular) (40X).

Figura 95: Carcinoma da cortical suprarrenal (4X)

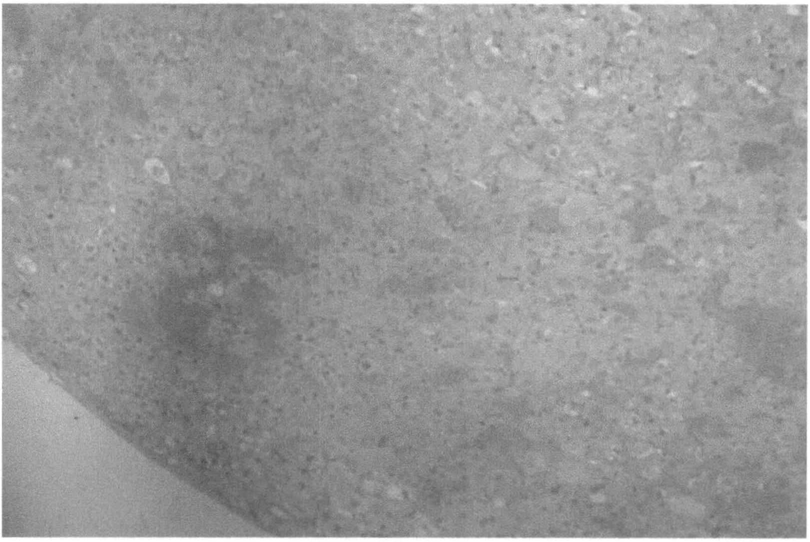

Figura 96: Carcinoma da cortical suprarrenal (4X)

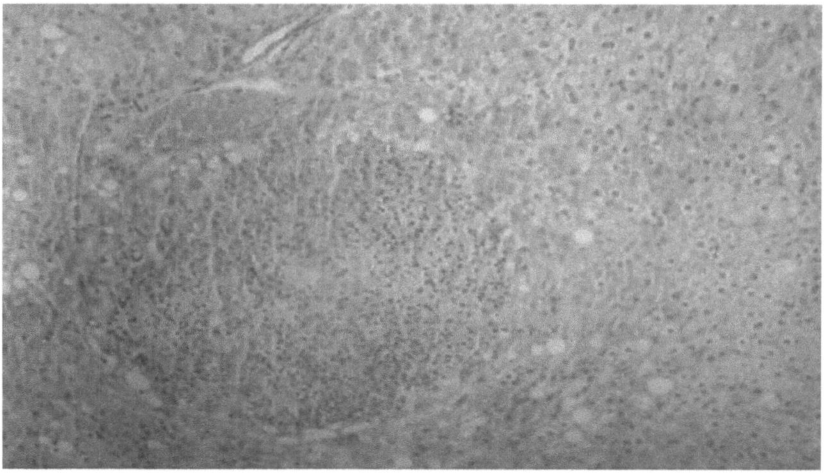

Figura 97: Carcinoma da cortical suprarrenal (4X)

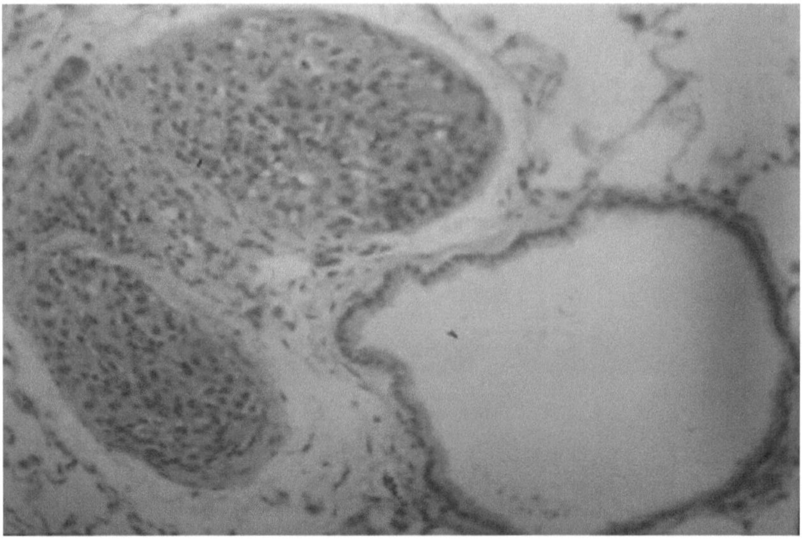

Figura 98: depósito metastático de carcinoma cortical da suprarrenal no pulmão (40X).

MIX
Papier aus verantwortungsvollen Quellen
Paper from responsible sources
FSC® C105338

Printed by Books on Demand GmbH, Norderstedt / Germany